現代数学はじめの一歩
集合と位相

数学は
かぞえたのか

領山士郎　著

ブルーバックス

カバー装幀／五十嵐徹（芦澤泰偉事務所）
カバー・本文イラストレーション／浅妻健司

まえがき

　世に数学嫌いの人は多いとか……。

　数学は不倶戴天の敵と思っている人もいるでしょう。しかし、嫌いというのは数学に関心のある証拠かもしれません。関心があるからこそ冷たくするって、よくあることではないでしょうか。数学が嫌いだ、数学は難しいと思っている人たちも、じつは分かるものなら数学を楽しんでみたい。学校数学は嫌いだけれど、もしかしたら数学の素顔は案外素敵かもしれない。そう考えているかもしれません。

　本書はそんな人のために、現代数学の二つの分野、「集合と位相」を解説した本です。

　集合と位相、言葉からしてなんとなく現代数学の柱のようで（事実これは現代数学の大きな柱の2本です）、近づきにくい気がするけれど、理解できるものなら理解したい。抽象的でかっこいいという感じもするし、いかにも数学！　という雰囲気もある。

　たしかに集合と位相は現代数学の根底を形づくるもっとも重要な概念です。これらは20世紀になって初めてきちんと確立されたものですが、数千年の歴史を持つすべての数学を展開する場を提供しています。

　数学の歴史の中ではどの場面でも、それと意識されていなくても集合や位相の姿が見え隠れします。子供たちが算数の中で初めて出会う、もっとも素朴な「数を数える」という行為の中にさえ、集合の考え方が潜んでいるのです。

　本書はそんな集合と位相を、数式をなるべく少なくして（数

3

学の宿命でどうしても最小限の記号は使わなければなりませんが)、その意味するところをイメージとしてつかんでもらうための解説書として書かれました。

　現在進行形で数学を学んでいる人にはひと味違った解説として、これから数学を学ぶ人には一種の旅行案内として、すでに数学を学んでしまった人には、自分の学んできたことを振り返り、さらに数学とつき合っていくための手引書として活用していただけることと思います。

瀬山士郎

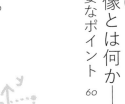

$f^{-1}(w)$

第**3**章 無限をかぞえる——カントールの活躍 89

$|A| = n$

$\aleph_0 < \aleph$

$|N| < |2^N|$

$\infty \times \infty$

第**4**章

無限基数の演算──
無限をあやつる

168

$f: N \to 10$

第5章 ユークリッド空間——位相のことはじめ 199

集合とは何か
パラドックスを超えて

1.1　集合とはどんなものか

ものを集めるということ

「集合」とは日常的にも使う言葉です。その昔、テレビに「8時だョ！全員集合」という番組がありました。全員集合というからには皆が集まるのでしょう。あるいは「集合！」という号令もあります。これは「集まれ」というときに使うのが普通です。

　ところで、全員集合といったときの、「全員」とは誰のことを指すのでしょうか。全員の中に「自分」が入っていなければ、集合しなくてもいいのだろうし、全員の中に自分が入っているのなら、一緒に集まらなければなりません。

　また、ある特定のクラスの子どもたちだけを対象に、全員集合といったときには、この全員が誰を指すのか、はっきりしているので、集まるメンバーをきちんと特定できます。しかし、テレビ番組のタイトルのように、ただ「全員集合！」だと、自分が集まっていいのか悪いのか、はっきりとしません。

　数学でいう集合も、ものの集まりのことです。しかし、数学ではその集合がはっきりと決まらなければなりません。まず、集合論の創始者であるカントールの原論文の定義をみて

みましょう。

[**定義**]　集合なる術語によって、われわれはいかなる
物であれ、われわれの思惟または直感の対象であり、十
分に確定され、かつ互いに区別される物 m（これらの
物はこの集合の要素と名づけられる）の、全体への総括
N, M を言うと理解する。

（『超限集合論』G.CANTOR 著、功力金二郎・村田 全／訳・解
説、正田建次郎・吉田洋一／監修）

　難しい！　格調の高い文章ですが、少し分かりにくいかも
しれませんね。普通に使われている定義はだいたい次のよう
なものです。

　ものの集まりを集合という。ただし、あるものがこの集
合に入るか、入らないかは、はっきりと決まっているものと
する。

　なーんだと思われるかもしれません。しかし、これが数学
用語としての集合の定義なのでしょうか。念のため専門の数
学辞典で集合の定義を調べると、
「直感または思考の対象のうちで一定範囲にあるものを一つ
の全体として考えたとき、それを（それらの対象の）集合と
いい、その範囲内の個々の対象をその集合の元または要素と
いう。」（『岩波数学辞典　第3版』日本数学会・編集、岩波書店）
とあります。結局あまり変わりませんね。「ものを集める」と
いう概念がいかに素朴なものであるのかが分かるのではない

かと思います。

　ここで、カントールの定義や数学辞典の定義の中に、われわれの「思惟」「直感」「思考の対象」という言葉が出てくることに注意しましょう。数学でいうものの集まりとは具体的な手触りのあるものの集まりでなくても、抽象的な思考の対象の集まりでもいいのだとカントールは言っているわけです。すなわち、数の集合などがその典型的な例です。

カントール（1845〜1918）　ドイツの数学者。クロネッカー、ワイエルシュトラスなどの当時最高の数学者から数学を学ぶ。デデキントとの議論を通して集合論を完成していくが、集合論が革命的発見であったために、多くの数学者の激烈な批判に晒された。彼は精神を病み、精神科病院で生涯の幕を閉じた。

　集合を大文字の X, Y, A, B などで表し、あるもの x が集合 X に入ることを、

$$x \in X$$

と書きます。これは「x は X に入る」「含まれる」あるいは「集合 X は要素 x を含む」「要素に持つ」と読みます。ここで、集合の要素を、集合の「元」といいます。また、ある要素 x が集合 X に入らないことを、

$$x \notin X$$

と書きます。例を挙げてみましょう。

［例1］ $0 \leqq x \leqq 1$ を満たす有理数の集合を X とします。このとき、

$$\frac{3}{4} \in X, \qquad \frac{3}{2} \notin X, \qquad \frac{\sqrt{2}}{2} \notin X$$

　このように記号を使うと簡単に表せます。ここで出てきた $\notin$ という記号は、$\in$ の否定です。「入らない」「含まれない」などと読みます。このように、集合とは、あるものがその集合の元であるかどうかをはっきりと判定できる基準を持つようなものの集まりのことなのです。

　元の個数が有限個の集合を「有限集合」、元が無限にある集合を「無限集合」といいます。
　これで集合の定義ははっきりしたような気がしますが、ここにはもう少し微妙な問題が隠されています。しかし、そのことは少し後で考えることにして、ここでは別の問題点を指摘しましょう。それは集合をどう表すかという問題です。

外延的記法と内包的記法
　集合を表すには普通2通りの方法があります。一つは「外延的記法」と呼ばれるもので、その集合に含まれるすべての要素を書き出す方法をいいます。普通はすべての元を ｛ ｝でくくって示します。たとえば、
　10以下の自然数の全体がつくる集合は、

$$\{1, 2, 3, 4, 5, 6, 7, 8, 9, 10\}$$

20 以下の素数の全体がつくる集合は、

$$\{2, 3, 5, 7, 11, 13, 17, 19\}$$

となります。

　これは集合そのものをまるごと書いてしまうやり方なので、あるものがその集合に入るか入らないかがはっきりしています。その意味で、この記法は大変分かりやすいですね。

　もう一つは、「内包的記法」と呼ばれるもので、その集合に入るものの持つべき性質（これを x が満たすべき条件ともいいます）を書く方法です。普通は、

$$\{x \,|\, x \text{ の持つ性質}\}$$

というように表します。ここでいう性質、条件とは、それがきちんと確定するものであれば何でもかまいません。

　たとえば、10 以下の自然数の全体がつくる集合は、

$$\{x \,|\, x \text{ は自然数かつ } 1 \leqq x \leqq 10\}$$

20 以下の素数の全体がつくる集合は、

$$\{x \,|\, x \text{ は素数かつ } x \leqq 20\}$$

となります。

　さらに、次のようなものも集合として確定することができます。

$$X = \{x \,|\, x \text{ は } 2^{100} \leqq x \leqq 2^{1000} \text{ を満たす素数}\}$$

しかし、次のようなものは集合としては確定しません。

$$Y = \{y \mid y \text{ は大きな素数}\}$$

これは「大きな」という表現が感覚的で非常に曖昧なため、数学としての意味を確定することができないからです。

前述の集合 X を外延的記法で表現すること、つまり X に含まれる素数をすべて書き出すことは原理的には可能ですが、その作業は膨大で不可能でしょう。外延的記法はその集合に含まれるすべての元を列挙するものなので、本来は有限集合にしか当てはまりません。すなわち列挙すること自体が有限個のものを対象としていると考えられますし、有限集合でも元の個数が非常に多いものは事実上書くことができないのです。そのような集合でも内包的記法なら表せますし、また、次のように表すこともあります。

10^{10} 以下のすべての自然数の全体がつくる集合は、

$$\{1, 2, 3, \cdots, 10^{10}\}$$

この書き方はちょっとずるいなと思う読者もいるかもしれませんね。この場合、… で省略されているところは誰がみてもはっきりと分かるようになっていることが必要です。さらに、この … を用いる外延的記法を拡大解釈して、ある種の無限集合についても外延的記法を用いることがあります。例を挙げてみましょう。

[例2]　自然数の全体がつくる集合は、　$\{1, 2, 3, \cdots\}$
　　　　偶数の全体がつくる集合は、　$\{2, 4, 6, \cdots\}$

　上の例は二つとも … で省略されていますが、内容ははっきりとしています。つまり、ごく普通の人なら、この表現で表されている集合がなんであるのか、共通の理解が得られます。そもそも外延的記法はその集合に入るすべての元を列挙して表そうということなのだから、無限個ある元を全部書き出せるわけがなく、無限集合を外延的記法で表そうというそのことが矛盾をはらんでいるわけです。しかし、上の例にある自然数といったものは、それこそごく自然にわれわれの認識の対象になっているので、この省略記法 … が十分にその役割を果たしてくれるのです。

　この外延的記法の問題については第 3 章の「無限集合の基数（きすう）」の節でもう一度考えます。なお、元の個数の少ない有限集合でも、その集合が存在することは分かりますが、外延的記法で表せないものがあることを注意してください。

$$\{\,x \mid x \text{ は方程式 } x^7 - 2x^5 + 5x^2 - x + 1 = 0 \text{ の解}\,\}$$

　上の元の個数は 7 個以下であることは分かりますが（代数学の基本定理により n 次方程式は重複も含めてちょうど n 個の解を持ちます）、それを具体的に列挙することは難しいし、

$$\{\,x \mid x \text{ は } \sqrt{2} \text{ の小数点以下 1 万桁目からの 5 個の数字}\,\}$$

などという集合も、5 個の元からなる集合だとは分かっていても、それを具体的に書き出すのは普通の人には難しいことです。

　したがって、外延的記法や内包的記法というのはあくまでも理想的なものであって、具体的に書けなくても、その書き方で集合がきちんと決まればいいものとします。

空集合とは

　普通、日常言語では一つのものを集めるとはいいませんが、数学では元が一つの集まりも集合と考えます。さらに、元を一つも含まない空っぽの集まり（？）も集合と考えると便利なのでこれも集合と考え、空集合といいます。空集合は記号 ϕ で表します。

　たしかに日常言語としては、これらを集合の仲間に入れることに違和感があるかもしれませんが、数学ではこれらを集合の仲間に入れておいた方が都合がいいので、空集合も集合として扱います。

　空集合を外延的記法で書くときは、

$$\{\ \}$$

と書きます（{ } の中に何も書かない！　入れ物はあるが中身がない）。

　では、空集合を内包的記法で書くことができるでしょうか。何もないものの性質は書けないような気がしますが、数学では次のような書き方をすることがあります。

$$\{x \mid x \neq x\}$$

　これは、自分自身と等しくないものの集合を表しています。自分自身と等しくないものなどないので、このような条件を満たす x は存在しません。すなわち、これは空集合となります。

　また、集合を表すのに次のような図もよく使われます。これは集合をイメージとして表現するには適していて、ベン図

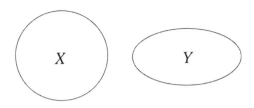

図 1.1　ベン図

あるいはオイラー図と呼ばれます（J. Venn 1834〜1923, L. Euler 1707〜1783）。

　図の中に元を直接書き込む外延的な場合と、条件を書き込

オイラー（1707〜1783）　スイスの数学者、数学のさまざまな分野（主に解析学）で大きな業績を残した。そのため、オイラー図、オイラーの定数など彼の名が冠されたものが多くある。オイラー図は、命題の内容を分かりやすくするために彼が初めて用いたという。

ベン（1834〜1923）　イングランドのハルに生まれる。論理学の研究を主に行い、1883 年、イギリス王立協会の会員に選ばれる。集合の交わりや和を、図を用いて表す、いわゆるベン図は有名である。晩年にはケンブリッジ大学の歴史書の編纂をしている。

む内包的な場合があります。ただし、図はあくまで図であって、集合そのものではないことに十分注意しましょう。集合とは何か？　マルで囲まれたものである、というのはジョークとしては面白いのですが、もちろんマルで囲まれていなくても集合です。

0.999··· ＝1 を集合で読む

　さて、先ほど少しだけ述べた集合の定義の問題にここでちょっと触れておきます。

　集合とは、ある一定の条件を満たすものの集まりとして定義されました。その条件は数学的にきちんとしたものであるならなんでもいいし、別に数学的でなくても、普通の判断で、あるものがその集合に入るかどうかがきちんと判定できるものならなんでもいいということになっていました。この定義には何も問題がないようにみえます。

　たしかに、いままでの例では、どれもきちんと集合が決定していると普通の人は考えます。ところが、少し精密にものを考え出すと、気になるところが出てきてしまうのです。たとえば、高校生や大学生でも悩む問題に、

$$0.\dot{9} = 0.9999\cdots = 1$$

があります。とくに高校生は、$0.\dot{9}$ がどうしても 1 ではなくて、1 との間にほんのわずかの隙間があるように感じるようです。こんな感覚を残している人に、$0.\dot{9}$ が自然数の集合に入るかどうか尋ねたらどう答えるでしょう。

　そもそもこういう疑問を持った人にとって、自然数の集合がそれほどはっきりと区別された対象として理解できるので

しょうか。皆さんはどう思いますか。

じつは、これは自然数 1 の表現の仕方の一つで、$0.\dot{9}$ は自然数の集合に入ると考えられます。つまり、集合に入るのは、数 1 そのものであって、どのように表現されようとも、数 1 は自然数の集合の元と考えられます。

しかし、単純な循環小数でもこんな疑問がわくのだから、実数の集合ともなるともっと曖昧模糊としてきます。集合とは、はっきりと確定したものの集まりであるといいました。したがって、実数とは何かについてしっかりとした概念を持っていないと、実数の集合は、集合としての基礎がグラグラと揺らいでしまいます。ただ、ここでは実数の問題には深入りしません。後で使うことを考えて、「実数とは有限小数、または無限小数で表される数のことをいう」としておきましょう。

無限小数が一つの数を表しているのは、次のようにすると理解しやすいです。例として $\sqrt{2}$ を取り上げます。

$$\sqrt{2} = 1.41421356\cdots$$

はよく知られています。

この無限小数は次のように数直線上の一つの数を確定します。

まず、閉区間 $[1, 2]$（これは $\{x | 1 \leqq x \leqq 2\}$ という集合を表します）を 10 等分すると、

$$1.4 \leqq \sqrt{2} \leqq 1.5$$

となります（$1.4^2 = 1.96,\ 1.5^2 = 2.25$ であることから）。

次に、区間 $[1.4, 1.5]$ を 10 等分すると、

$$1.41 \leqq \sqrt{2} \leqq 1.42$$

となります。

　以下、この手続きをどんどん続けていくと、手続き1回ごとに区間の長さは $\frac{1}{10}$ ずつ縮小し、数 $\sqrt{2}$ の存在範囲は狭くなっていきます。そして、最終的に数直線上に一つの点が定まりますが、これが数 $\sqrt{2}$ を表しています（詳しくは、第5章6節の実数の連続性、区間縮小法の原理を参照してください）。

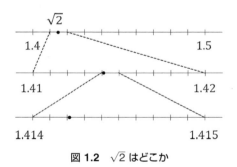

図 1.2　$\sqrt{2}$ はどこか

　このように分析的に考えると、実数の集合もたしかに集合として定まっていると考えることができます。しかし、じつは別の大問題が集合という考え方そのものの中に潜んでいるのです。

ラッセルのパラドックス

　集合という概念が数学的にはっきりと定まっているのであれば、ある対象が集合であるか否かは、はっきりと判定する

ことができます。すなわち、世の中には「集合ではないもの」と「集合になっているもの」の2種類があります。したがって、集合であるものだけを集めることができます。これは、

$$U = \{ X \mid X \text{ は集合} \}$$

と考えられ、集合の全体がつくる集合になります。

　なんとなくめまいが起きそうな話になってきましたが、われわれは集合という概念を定義した以上、このような怪物的な集合を拒否する理由は何もないように思えます。この集合の元はちょっと想像もつかないくらい多いのでしょうが、じつはこの集まりはたんに元が多いということにとどまらない異常さを持っているのです。

　いままでの定義においては、集合の集合 U も集合であることに違いないでしょう。ということは、U はすべての集合の集合ですから、U 自身が U の元になります。すなわち、集合 U は、

$$U \in U$$

という奇妙な性質を持っています。

　これは、ごく普通の集合では絶対に起きません。すなわち、自然数の集合は、集合であって自然数ではないし、素数の集合も、集合であって素数ではない。普通の集合が自分自身を元に持つことはあり得ないのです。しかし、上のような「異常な集合」を考えると、集合が自分自身を元に持つことがあり得ます。

　たとえば、ある図書館を考えます。仮に山猫図書館と呼びましょう。山猫図書館には、すべての蔵書を記載した『山猫

図書館蔵書目録』という書籍があります。この図書館の蔵書目録には『山猫図書館蔵書目録』という本が記載されているはずです。

　このようにある記述や性質が自分自身に跳ね返ってくるとき、その記述や性質は「自己言及的」であるといいます。この自己言及という主題は、数学に奇妙かつ深刻な影を落としました。その典型的な例が、

　　この文章は間違っている

という文章です。

　じつはわれわれはこの文章が正しいか間違っているかを決定することができません。

　なぜなら、この文章が正しいとすると、この文章の内容は正しいのだから、この文章は間違っていることになります。一方、この文章が正しくないとすると、この文章の内容は間違いなので、この文章は正しい！　結果、この文章が正しいか間違っているかを決めることは不可能です。

　数学的なものも一つ紹介しておきます。

　　この文の中には 1 という数字が （　　） 個ある

　上の文章の （　　） の中に 1 から 9 までの数字を一つ入れて正しい文章にしてください。

　いかがですか、しばらく考えると、上の文章の異常さが分かってくると思います。この問題の解説をするのは野暮なので、これ以上、言及はしません。というところで、集合の話に戻りましょう。いま、自己言及的でない集合、すなわち、

$$X \notin X$$

となる集合を「まともな集合」と呼び、一方、自己言及的な集合、すなわち、

$$X \in X$$

となる集合を、「おかしな集合」と呼ぶことにします。

さて、まともな集合だけを集めた集合を、

$$A = \{X \mid X \text{ はまともな集合}\}$$

とします。

では、この集合 A はまともな集合でしょうか。それともおかしな集合でしょうか。

まともな人たちを集めたのだから、このグループもまともな気がします。では、A がまともな集合であるとしましょう。したがって、A はまともな集合を集めた集合 A に入ります。すなわち、$A \in A$ です。しかし、これは A がおかしな集合であることを示しています。

ところが、A をおかしな集合とすれば、A はまともな集合だけを集めた集合 A には入りません。すなわち、$A \notin A$ となります。したがって、A はまともな集合となります。

つまり、A はまともな集合でもあり、おかしな集合でもあるという矛盾した結果となります。

このパラドックスは20世紀の初め、イギリスの数学者バートランド・ラッセルによって提示され、「ラッセルのパラドックス」と呼ばれています。ラッセルのパラドックスは、素朴な集合概念に不備があることを示しています。ただたんにあ

る性質を持ったものを寄せ集めてきても集合にはなりません。集合とは、もっと限定された集まりなのです。

　現代数学は、このパラドックスを解決するために「公理的集合論」という枠組みを用意しました。現代数学における集合は、集合の公理できちんと規定されている概念なのです。この公理はその創設者の名前をとって一般に「ZF 集合論」（ツェルメロ＝フレンケルの集合論）と呼ばれています。

　本書では公理的集合論にはこれ以上は立ち入りません。以下の章では、素朴にものの集まりを考えていてもパラドックスにならない範囲で集合を扱うことにします。

ラッセル（1872〜1970）20 世紀最大の論理学者の一人。イギリス、ケンブリッジ大学に入学し、数学と哲学を学ぶ。彼がホワイトヘッドとともに著した『数学原論』は有名である。第 1 次世界大戦に対する反戦活動をしたために、ケンブリッジ大学教授を免職された。

1.2　集合の計算

　いくつかの集合に対して、それらの間の計算が必要になることがあります。計算といっても加減乗除のような計算ではなく、いくつかの集合から新しい集合をつくり出す手続きで

す。そのような計算を「集合算」と呼びます。この節では、代表的な集合算を取り上げて、その性質を調べたいと思います。これらは、いわば具体的に集合を扱うときの取り扱いマニュアルとなります。

集合が等しいということ

　まず、二つの集合がどんなときに等しいと考えられるかを決めておく必要があります。ごく常識的に二つの集合は、その元が全く同一のときに等しいと考えます。これは集合の記述の問題ではなく、集合の中身の問題です。たとえば、次の二つの集合はその記述の仕方が異なっていますが、内容は等しいものです。

$$A = \{2, 3, 4\}$$
$$B = \{x \mid x \text{ は } x^3 - 9x^2 + 26x - 24 = 0 \text{ の解}\}$$

なぜなら、

$$x^3 - 9x^2 + 26x - 24 = (x - 2)(x - 3)(x - 4)$$

だからこの場合、数 $2, 3, 4$ は、集合 A にも B にも入っているし、それ以外の数はどちらの集合にも入っていません。そこで次のように定義します。

［定義］
　集合 A, B について、
　$x \in A$ なら $x \in B$ で、逆に、$x \in B$ なら $x \in A$ のとき、

二つの集合は等しいといい、$A = B$ と書く。

　さらに上の定義において、どちらか一方だけの式が成り立っているとき、たとえば、

　$x \in A$ なら $x \in B$ のとき、

A は B の「部分集合」である、あるいは「集合 A は集合 B に含まれる」、「集合 B は集合 A を含む」などといい、

$$A \subset B$$

と書く。

　したがって、二つの集合については、次のことが成り立ちます。

[**定理**]　二つの集合 A, B について、

$$A = B \Leftrightarrow A \subset B \text{ かつ } B \subset A$$

　ここで、記号 $\Leftrightarrow$ は「必要十分条件」を表し、矢印の右辺と左辺が同じであることを示します。すなわち、右辺と左辺が「同値」だということです。

　日常感覚的には、この定理は少し奇妙な感じがします。二つの箱 A, B を例に考えてみましょう。

「二つの箱 A, B がある。A の箱の中に B の箱をしまうことができる。ところが、B の箱の中に A の箱をしまうこともできる」となります。

常識は、そんなことできるはずがないといっています。いったいどちらの箱が大きいのでしょう。答えは「同じ大きさ」です（この箱は実際に製作可能です！『パズルをつくる』(芦ヶ原伸之、大月書店)）。

> **[定理]** 三つの集合 A, B, C について、
>
> $$A \subset B, B \subset C \Rightarrow A \subset C$$

記号 $\Rightarrow$ は「ならば」と読み、左辺から右辺が導かれることを示しています。

[証明]

$x \in A$ とする。

$A \subset B$ より $x \in B$

したがって、

$B \subset C$ より $x \in C$

よって、$A \subset C$ [証明終]

これも箱のたとえでいえば、
「箱 A を箱 B の中にしまい、その箱 B を箱 C の中にしまえば、箱 A は箱 C の中にしまわれる」ということにほかなりません。

では、ここでパズルを一つ。

「三つのコップ A, B, C と三つの玉 a, b, c があります。どのコップにも玉が一つずつ入るようにしなさい」

これは簡単ですね。では、「三つのコップ A, B, C と三つの玉 a, b, c があります。A には 1 個、B には 2 個、C には 3 個の玉が入るようにしなさい。」

さて、どうすればいいですか。

答えは下の図 1.3 のようになります。

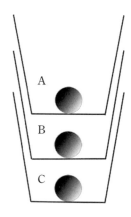

A

B

C

図 1.3　パズルの答え

[例題]　次の二つの集合が等しいことを確かめよ。

$$X = \{x \mid x = 2p + 3q, \ p + q = 1, \ 0 \leqq p, \ 0 \leqq q\}$$

$$Y = \{x \mid 2 \leqq x \leqq 3\}$$

[解]

1.　$x \in X$ とする。よって、

$$x = 2p + 3q, \quad 0 \leqq p, \quad 0 \leqq q, \quad p + q = 1$$

$q = 1 - p$ より、

$$x = 2p + 3(1 - p) = 3 - p$$

ここで、$0 \leqq p \leqq 1$ に注意すると、$2 \leqq x \leqq 3$
よって、$x \in Y$

2.　逆に、$x \in Y$ とする。よって、$2 \leqq x \leqq 3$
ここで、x が線分 $\overline{23}$ を $s : t$ に内分するとすれば、

$$x = \frac{2t}{s + t} + \frac{3s}{s + t}$$

だから、$p = \dfrac{t}{s + t}, q = \dfrac{s}{s + t}$ とすれば、

$$x = 2p + 3q, \quad p + q = 1, \quad 0 \leqq p, \quad 0 \leqq q$$

よって、$x \in X$
1, 2 より、$X = Y$　　　　　　　　　　　　　　　　　[終]

　以下、二つの集合が等しいことをいうときは原則として、この定義に戻って証明します。二つの集合がともに外延的記法で与えられていれば、それらが等しいかどうかを判定するのは原理的には簡単です。しかし、そうでない場合には二つの集合が等しいかどうかを判定するのは、大変に難しい場合があることを注意してください。

[例3]　二つの集合 X, Y を

$$X = \{n \mid n \text{ は } 3 \text{ 以上の整数かつ } x^n + y^n = z^n$$

$$\text{となる正整数 } x, y, z \text{ がある}\}$$

$$Y = \phi$$

とすると、 $X = Y$。

　勘のいい方は気づいたと思います。無理に集合論の記述で書きましたが、これはいわゆるフェルマーの最終定理です。この問題は数学史上に名高い未解決の難問でしたが、1995年にアンドリュー・ワイルズにより正しいことが証明されました。

空集合についての注意

　空集合は元を含まないから、この定義に直接当てはめて、部分集合かどうかを判定しようとすると少し困ることになります。そこで部分集合の定義を、もう一度見直しましょう。

$$X \subset Y \text{ とは } x \in X \text{ なら } x \in Y$$

です。この対偶をとると、

$$X \subset Y \text{ とは } x \notin Y \text{ なら } x \notin X$$

となります。念のため、対偶とは、もとの命題の逆の裏の関係になるものです。

　ところが、X を空集合 ϕ とすると $x \notin \phi$ はすべての x について正しいから、

$$x \notin Y \text{ なら } x \notin \phi$$

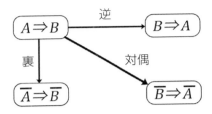

図 1.4　対偶の関係

はつねに正しい。したがって、$\phi \subset Y$ となります。すなわち、空集合はすべての集合の部分集合となります。一方、空集合の部分集合となる集合が空集合しかないことは明らかなので、次が成り立ちます。

　　　任意の集合 Y について$\phi \subset Y,$　　$Y \subset \phi$ なら $Y = \phi$

　すなわち、空っぽの集合はどんな集合の部分集合にもなっているし、空っぽの集合に含まれる集合は空集合しかありません。

和集合とは

　何か二つ以上の集合について、それらに含まれる元を一緒に考えたいときがあります。このとき、それらいくつかの集合に含まれる元をひとまとめにした新しい集合を、それらの「和集合」といいます。

　まず二つの集合の和集合について考えてみましょう。

> **[定義]** 集合 A, B について、
>
> $$\{x \,|\, x \in A \text{ または } x \in B\}$$
>
> で決まる集合を、 A と B の和集合といい、記号 $A \cup B$ で表す。

具体的な例を挙げて、考えましょう。

[例4]

$A = \{x \,|\, 10 \leqq x \leqq 20 \text{ となる自然数}\}$,

$B = \{x \,|\, x \text{ は 1 以上 15 以下の偶数}\}$ のとき、

$A \cup B = \{2, 4, 6, 8, 10, 11, 12, 13, 14, 15, 16, 17, 18,$
$\qquad\qquad 19, 20\}$

[例5]

$A = \{x \,|\, x \text{ は有理数}\}$, $B = \{x \,|\, x \text{ は無理数}\}$ のとき、

$A \cup B = \{x \,|\, x \text{ は実数}\}$

和集合については次の性質がもっとも基本的です。

> **[定理]**
> 集合 A, B について次が成り立つ。
>
> $$A \cup B = B \cup A$$

[証明]

　$A \cup B \ni x$ とする。よって、

　　$x \in A$ または $x \in B$

ところがこれは

　　$x \in B$ または $x \in A$

と同じことだから、$x \in B \cup A$ である。

　$B \cup A \ni x \Rightarrow x \in A \cup B$ も全く同様に示される。

[証明終]

　上の証明はいささかしつこいと思うかもしれませんが、この証明は、「または」という概念は並べる順序によらず決まるということに基礎を置いています。以後、このような証明は少しずつ簡略化することにします。

　次の性質も基本的です。

[定理]　(1)　$A \subset A \cup B, B \subset A \cup B$
　　　　　(2)　$A \cup A = A$

　いずれも明らかなので証明は省略します。

「A は A に B をくっつけて膨らませた集合に含まれる」と読むと、成り立つのは当たり前にみえると思います。

　和集合と部分集合の関係については、次が成り立ちます。

[定理]

$$B \subset A \Leftrightarrow A \cup B = A$$

[証明]　まず、$B \subset A \Rightarrow A \cup B = A$ を証明しよう。

$B \subset A$ とする。

$A \cup B \ni x$ のとき、

　　$x \in A$ または $x \in B$

$x \in A$ なら当然 $x \in A$。また、$x \in B$ なら、$B \subset A$ より、$x \in A$。

　したがって、いずれの場合でも、

　　$x \in A$

よって、$A \cup B \subset A$ が成り立つ。

　また、前の定理より、

　　$A \subset A \cup B$

つまり、$A \cup B \subset A$, $A \subset A \cup B$ だから、$A \cup B = A$ である。

　逆に、$A \cup B = A \Rightarrow B \subset A$ を証明しよう。

$x \in B$ とする。

　よって、$x \in A \cup B$。ところが、$A \cup B = A$ だから、$x \in A$ となり、したがって、$B \subset A$ である。　　　　　　[証明終]

　これも、「B が A に含まれているなら、A に B をつけ加

えても、集合を膨らませたことにはならないのだ」とみれば、ごく当たり前のことをいっています。さらに、三つの集合 A, B, C について、次が成り立ちます。

［定理］

$$A \subset C, \ B \subset C \ \Rightarrow \ A \cup B \subset C$$

［証明］　$x \in A \cup B$ とする。

したがって、

$\qquad x \in A$ または $x \in B$

$\qquad x \in A$ のとき、$A \subset C$ より、$x \in C$。

同様に $x \in B$ のときも、$x \in C$。

よって、

$\qquad x \in C$

となり、$A \cup B \subset C$ である。　　　　　　　　　　　［証明終］

　たとえば、いま実数全体の集合を活動の舞台としているとき、その部分集合である様々な数の集合を考えてその和集合をつくっても、それらが実数の集合からはみ出していかないことは明らかです。上の事実はそのことを保証しています。

［例 6］　$R = \{x \mid x$ は実数$\}$, $Z = \{x \mid x$ は整数$\}$,
$\qquad\qquad N = \{x \mid x$ は自然数$\}$, $Q^+ = \{x \mid x$ は正の分数$\}$

とするとき、次のようになります。

$$Z \cup N = Z$$

$$N \cup Q^+ = Q^+$$

$$Z \cup Q^+ \subset R$$

三つ以上の集合の和集合についても基本的には同じで、次の性質が成り立ちます。

[定理]　三つの集合 A, B, C について次の性質が成り立つ。

$$(A \cup B) \cup C = A \cup (B \cup C)$$

証明は和集合の定義から明らかです。これで三つ以上のいくつの集合の和集合でも、同様に考えることができます。

一般に n 個の集合 $A_1, A_2, \cdots, A_n$ の和集合を、

$$\bigcup_{k=1}^{n} A_k$$

と書きます。これは、「$k = 1$ から n までの A_k の和集合」などと読みます。

さらに一般化して、

$$\bigcup_{k=1}^{\infty} A_k$$

の意味も明らかで、たとえば、次のようになります。

[例7]　$A_k = \{x \mid k-1 \leqq x \leqq k,\ k = 1, 2, \cdots \}$ のとき、

$$\bigcup_{k=1}^{\infty} A_k = \{x \mid 0 \leqq x\} = [0, \infty)$$

以下、無限個の集合の和集合も扱っていくことにします。

共通部分

前項では集合の和について考えました。次に、いくつかの集合の重なり部分（交わった部分）について考えてみましょう。

まず、二つの集合の共通部分について考えます。

[定義]　集合 A, B について、$\{x \mid x \in A$ かつ $x \in B\}$ で決まる集合を、二つの集合 A, B の共通部分（または交わり）といい、記号

$$A \cap B$$

で表す。

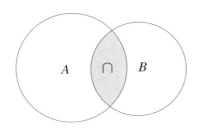

図 1.5　共通部分

共通部分は上のような図で表すと便利です。それでは、具

体的な例でみていきましょう。

[例 8] $A = \{x \mid x \text{ は 2 の倍数}\}$,
$\qquad B = \{x \mid x \text{ は 3 の倍数}\}$ とすると、

$\qquad A \cap B = \{x \mid x \text{ は 6 の倍数}\}$

となります。

　共通部分については、次がいちばん基本的です。

　[定理]　集合 A, B について、次が成り立つ。

$$A \cap B = B \cap A$$

　証明は「かつ」という日本語の使い方から明らかですね。すなわち、「A であると同時に B であることは、B であると同時に A であることに等しい」となります。

　次の性質も基本的です。

　[定理]　(1) $A \cap B \subset A,\ A \cap B \subset B$　(2) $A \cap A = A$

　証明は図 1.6 から明らかです。

　A と B の交わりが、A や B の一部分であることは常識的にも明らかです。和集合の場合と同様に、部分集合と共通部分の関係について次の定理が成り立ちます。

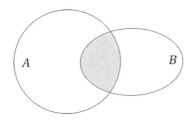

図 1.6　A と B の交わり

> **[定理]**　集合 A, B について、
>
> $$B \subset A \Leftrightarrow A \cap B = B$$

[証明]　まず、$A \cap B \subset B, B \subset A \cap B$ を示し、$A \cap B = B$ を証明する。

　$B \subset A$ とする。

　$A \cap B \subset B$ は前の定理から明らかなので、逆を示そう。

　$x \in B$ とする。

　仮定 $B \subset A$ より、

　　$x \in A$

である。

　したがって、$x \in A \cap B$ となり、

　　$B \subset A \cap B$

である。

　すなわち、$A \cap B = B$ である。

　逆に、$A \cap B = B$ としよう。

$x \in B$ とすると、$B = A \cap B$ だから、

$x \in A$

である。したがって、$B \subset A$ である。 ［証明終］

三つの集合 A, B, C については、次が成り立ちます。

［定理］

$$A \subset B \quad かつ \quad A \subset C \Rightarrow A \subset B \cap C$$

［証明］ $x \in A$ とする。

仮定 $A \subset B$ より、$x \in B$。同様に $A \subset C$ より、$x \in C$。
したがって、$x \in B \cap C$ である。 ［証明終］

それでは、これまでと同様に、例を挙げてみていくことに
しましょう。

［例 9］ $A = \{x \mid x は 2 の倍数\}$,
$B = \{x \mid x は 3 の倍数\}$ とすると、

$A \cap B = \{x \mid x は 6 の倍数\}$

となりますが（例 8）、

$C = \{x \mid x は 12 の倍数\}$ とすれば、$C \subset A$ かつ $C \subset B$
だから、

$C \subset A \cap B$

これは 12 の倍数は、必ず 6 の倍数であることを表しています。

　次に三つ以上の集合の共通部分について考えてみましょう。

[定理]　三つの集合 A, B, C について次が成り立つ。

$$(A \cap B) \cap C = A \cap (B \cap C)$$

　証明は明らかでしょう。

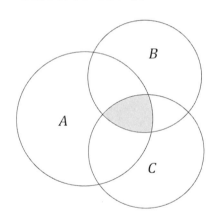

図 1.7　三つの集合の
　　　　共通部分

　これも日本語の「かつ」という言葉が、時間の順序によらないで成り立つということに基づいています。

無限に続くタマネギ

　これで、三つ以上いくつでもそれらの集合の共通部分を考えることができます。

一般に n 個の集合 $A_1, A_2, \cdots, A_n$ の共通部分を、

$$\bigcap_{k=1}^{n} A_k$$

と書きます。これは $k = 1$ から n までの A_k の共通部分などと読みます。

　さらに一般化して、

$$\bigcap_{k=1}^{\infty} A_k$$

の意味も、前述と同様、すでに明らかだと思います。

　これからは無限個の集合の共通部分も考えていくことにしましょう。

　例として、次のようなものを考えてみます。

$$A_k = \left\{ x \,\middle|\, 0 < x < \frac{1}{k} \right\} = \left(0, \frac{1}{k} \right)$$

　このとき、$\displaystyle\bigcap_{k=1}^{\infty} A_k$ はどんな集合になるのでしょうか。これは少し難しいかもしれませんが、図を併用して考えてみます。

図 1.8　タマネギの皮のように

　ちょうどタマネギの皮のように、これらの集合は中へ中へと重なっていくことが分かります。では、このタマネギの皮をどんどんむき続けていったとき、芯にあたるものは何でしょ

うか。

　背理法で示すことにします。背理法とは、証明したい命題 A に対して、命題 A が成り立たないと仮定すると矛盾が導かれることを示し、命題 A の成立を証明する方法です。いま、$k = 1$ から ∞ までの A_k の共通部分が空集合ではない、

$$\bigcap_{k=1}^{\infty} A_k \neq \phi$$

と仮定して、

$$\bigcap_{k=1}^{\infty} A_k \ni x$$

とします。x はもちろん正の実数です。

　ところが、

$$\lim_{k \to \infty} \frac{1}{k} = 0$$

だから、x がどんなに小さい数でも、十分に大きな k をとると $\frac{1}{k} < x$、すなわち、

$$x \notin \left(0, \frac{1}{k} \right)$$

となり、$x \notin A_k$ です。

　よって、

$$x \notin \bigcap_{k=1}^{\infty} A_k$$

となり、これは矛盾です。

　したがって、

$$\bigcap_{k=1}^{\infty} A_k = \phi$$

です。

　この無限に続くタマネギの皮むきをすると、中は空っぽで何も出てこないのです。これにはお猿もびっくりするかもしれません！

　この例のように、すべて空でない集合が中へ中へと縮まっていくときでも、その共通部分は空っぽになってしまうことがあります。

　このような集合のふるまい方は「位相」のところで少し詳しく扱いますが、大学での微分積分学の初めに出てくる、いわゆる「ε - δ 論法」と関係して、実数の部分集合の問題と深く関わってきます。

差集合とは何か

　次に、集合の差についてみていきます。集合の差は、以下のように考えるとよいでしょう。すなわち、「ある集合 A から集合 B に入っている元を取り除いたもの」とします。

　[定義]　集合 A, B に対して、

$$\{x \mid x \in A \text{ かつ } x \notin B\}$$

　を集合 A から集合 B を引いた集合といい、

$$A - B$$

　と書く。

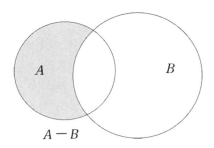

$$A - B$$

図 1.9　差集合

どのような集合に対しても差を考えることができますが、次の性質が基本的です。

［定理］

(1)　$A - A = \phi$

(2)　$A - B \subset A$

(3)　$A = (A - B) \cup (A \cap B)$ かつ

　　　$(A - B) \cap (A \cap B) = \phi$

これは集合の差の定義から明らかです。また、次の定理も成り立ちます。

［定理］

(1)　$A - B = \phi \Leftrightarrow A \subset B$

(2)　$A \cap B = \phi \Leftrightarrow A - B = A$

[証明]

(1)　　$A - B = \phi$ ということは、A の元はすべて B の元であるということにほかならない。すなわち、$A \subset B$ である。逆に、A の元がすべて B の元であれば、$A - B = \phi$ である。

(2)　　$A \cap B = \phi$ ということは、A と B が共通の元を持たないので、A から B を引いても取り除かれる元はない。すなわち、$A - B = A$。

　　　逆に、$A - B = A$ とする。したがって、A の元で B の元であるものはない。すなわち、$A \cap B = \phi$。

[証明終]

補集合のイメージ

　さて、集合を考えるとき、ある大きな集合を一つ固定して、様々な集合はすべてその集合の部分集合として扱うことがあります。たとえば、関数を考えるときは、数の集合として実数全体、あるいは複素数全体を固定します。このような大きい集合を「全体集合」と呼ぶことがあります。

　いま、全体集合を U で表すことにしましょう（これは Universe、宇宙のつもりです）。このときその部分集合 A に対して、全体集合 U との差、

$$U - A$$

をとくに集合 A の「補集合」といい、ここでは、

$$A^c$$

と書きます（単純に $\bar{A}$ と書くこともあります。右肩の c は、complement の頭文字で補足という意味です）。

ここで、補集合というと図 1.10 のように示されることがあります。この図では全体集合から集合 A を取り去った残りは目にみえて、はっきりしています。しかし、実際には図はイメージであって、集合と補集合とは境界線で区別されているわけではありません。むしろ、お互いに補い合って全体集合を形づくっていることに注意しましょう。

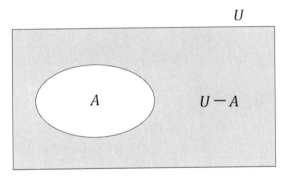

図 1.10　補集合

[**例** 10]　全体集合を実数の集合 R とし、A を有理数の集合とします。このとき、

$$A^c = \{\, x \mid x \text{ は有理数でない実数} \,\} = \{\, \text{無理数} \,\}$$

これを数直線上のイメージとして図を描くことはできません。

[例 11] 全体集合 U を偶数全体の集合、すなわち 2 の倍数の集合とし、A を 6 の倍数全体の集合とします。このとき、

$$A^c = \{x \mid x \text{ は偶数かつ 6 の倍数でない数}\}$$

となりますが、これは 2 の倍数のうち 3 の倍数でない数全体の集合となります。

$$U = \{2, 4, 6, 8, 10, 12, 14, 16, 18, 20, \cdots\}$$
$$A = \{6, 12, 18, 24, \cdots\}$$
$$A^c = \{2, 4, 8, 10, \cdots, 6n - 4, 6n - 2, \cdots\}$$

補集合については、次が成り立つことは明らかです。

[定理]

(1) $(A^c)^c = A$ (2) $U^c = \phi$ (3) $\phi^c = U$

集合の演算の相互関係

いままでにいくつかの集合の演算を紹介しました。和集合、共通部分、差集合、補集合などです。これらの集合の演算は一つ一つが独立してあるのではなく、相互に関係を持っています。この項ではそれらの関係のうち重要なものを選んで説明します。

和集合と共通部分の分配法則

[定理]

(1) $(A \cup B) \cap C = (A \cap C) \cup (B \cap C)$

(2) $(A \cap B) \cup C = (A \cup C) \cap (B \cup C)$

[証明]

(1) を示す。

$(A \cup B) \cap C \ni x$ とする。よって、

$x \in (A \cup B)$ かつ $x \in C$

すなわち、

$x \in A$ かつ $x \in C$ または $x \in B$ かつ $x \in C$

となる。

したがって、$x \in (A \cap C) \cup (B \cap C)$ で、逆も同様。

(2) の証明は次の図で示す。

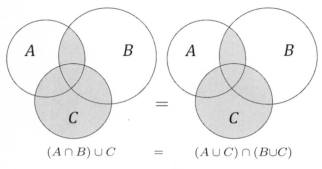

$$(A \cap B) \cup C \quad = \quad (A \cup C) \cap (B \cup C)$$

図 1.11　分配法則

[証明終]

【例 12】　次の例で、上の関係が成り立つことを確かめま
しょう。

$$A = \{x \mid x \text{ は 2 の倍数}\}, \; B = \{x \mid x \text{ は 3 の倍数}\},$$
$$C = \{x \mid x \text{ は 5 の倍数}\}$$

とします。

$A \cup B$ は、2 または 3 の倍数の全体です。したがって、
$(A \cup B) \cap C$ は、2 または 3 の倍数のうち 5 の倍数になっ
ているものの全体となります。すなわち、

$$(A \cup B) \cap C = \{10, 15, 20, 30, 40, 45, 50, 60,$$
$$\cdots, 30n - 20, 30n - 15, 30n - 10, 30n, \cdots\}$$

　一方、$A \cap C$ は 2 の倍数かつ 5 の倍数だから、10 の倍数の全体、$B \cap C$ は 3 の倍数かつ 5 の倍数だから、15 の倍数の全体、したがって、

$$(A \cap C) \cup (B \cap C) = \{10, 15, 20, 30, 40, 45, 50, 60, \cdots\}$$

となり、二つの集合は一致することが分かります。

　この定理を $\cap, \cup$ の「分配法則」といいます。かけ算と足し算の分配法則と違って、$\cap$ からも $\cup$ からも分配法則が成り立っていることに注意しましょう。

　差集合と和集合、共通部分との間には、次の関係が成り立ちます。

[定理]

　　(1)　$(A - B) \cap (A - C) = A - (B \cup C)$

　　(2)　$(A - B) \cup (A - C) = A - (B \cap C)$

[証明]

　(1)　$(A - B) \cap (A - C) \ni x$ とする。

　よって、$x \in (A - B)$ かつ $x \in (A - C)$。

　すなわち、x は A の元であり B の元ではない、と同時に、x は A の元であり C の元ではない。

　よって、x は A の元であり $B \cup C$ の元ではない。

　すなわち、

$$x \in A - (B \cup C)$$

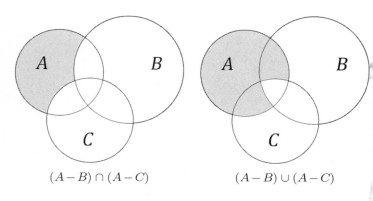

$(A-B) \cap (A-C)$　　　　　　$(A-B) \cup (A-C)$

図 1.12　分配法則

　逆に、$x \in A - (B \cup C)$ とすると、x は A の元であるが $B \cup C$ の元ではない。

　よって、x は B の元ではなく、C の元でもない。すなわち、

$$x \in (A - B) \text{ かつ } x \in (A - C)$$

　よって、$x \in (A - B) \cap (A - C)$ である。

　(2) も同様に証明できる。　　　　　　　　　　　　　　［証明終］

ド・モルガンの定理

　上の定理の中で、差を考えることによって右辺と左辺の $\cap$ と $\cup$ が入れ替わっていることに注目しましょう。この結果を、全体集合を U として適用すると、次の定理が得られます。この定理をド・モルガン（de Morgan 1806〜1871）の定理といい、成り立つ結果は $\cap$ と $\cup$ の「双対性」といわれます。

[定理]　（ド・モルガン）

(1)　$(A \cap B)^c = A^c \cup B^c$

(2)　$(A \cup B)^c = A^c \cap B^c$

　証明は前の定理において、A を全体集合 U と考えればできます。

　このド・モルガンの定理を使うと、集合の計算においてある等式が成り立つとき、その等式のすべての $\cap$ と $\cup$ を入れ替えた等式が成り立つことが分かります。

　それでは、例をもとにド・モルガンの定理が成り立つことを確かめてみましょう。

　ド・モルガン（1806〜1871）　イギリスの数学者。幼少のころは運動オンチだった。数学的帰納法（mathematical induction）という用語を初めて用いたのはド・モルガンである。様々な功績にもかかわらず、自分の名前が前面に出るのを嫌い、終生イギリス王立協会の会員になることはなかった。

〔例題〕

1. $A \cup (A \cap B) = A$ を証明せよ。
2. 1 を使って、 $A \cap (A \cup B) = A$ を証明せよ。

〔解〕

1. $A \subset A \cup (A \cap B)$ は明らかだから、
   逆に $A \cup (A \cap B) \subset A$ となることを示そう。

   $x \in A \cup (A \cap B)$ とする。

   したがって、

   $x \in A$　または　$x \in A \cap B$

   $x \in A$ なら $x \in A$ は明らか。また、$x \in A \cap B$ なら $x \in A$ であるから、いずれにしろ、

   $x \in A$

   よって、

   $A \cup (A \cap B) \subset A$

2. 左辺の集合の補集合を 2 回とると、

   $$A \cap (A \cup B) = (A \cap (A \cup B))^{cc} = (A^c \cup (A \cup B)^c)^c$$
   $$= (A^c \cup (A^c \cap B^c))^c$$
   $$(1 \text{ より } A^c \cup (A^c \cap B^c) = A^c)$$
   $$= (A^c)^c = A \qquad\qquad \text{［終〕}$$

　以上のようにド・モルガンの定理を使うと、一つの集合演算からその双対であるもう一つの演算を導くことができます。つまり、∪ の関係式から ∩ の関係式を導き出せるわけです。

　これまで、いくつかの集合に対する演算とその相互関係をみてきました。これらは確かに一種の計算ですが、すべて「かつ」「または」などの言葉の持つ性質をそのまま遺伝していると考えられます。すなわち、日本語の A かつ B はその意味からして、A であると同時に B である、ということを意味し、当然、B かつ A、ということと同じです。

　このことから ∩ の交換法則 $A \cap B = B \cap A$ が成り立ちます。

　他の法則もすべて同様です。また補集合は「でない」という否定に対応しています。したがって、集合の計算はそれに対応する論理の話に翻訳することができます。ここでは論理への翻訳には深入りしませんが、和集合、共通部分、補集合が、それぞれ「または」「かつ」「でない」に対応していることは、心の片隅にとどめておいてください。

集合のイメージ

　さて、われわれはいままで集合を図示するのに円を描いて用いてきました。じつは現代数学における集合は円を描いて表せるほど単純な対象ではなくなっていて、円を描いて表すのはあくまで集合のイメージにすぎません。

　たとえば、われわれは数直線上の集合として整数の全体を思い浮かべることができます。けれども、数直線上の集合としての無理数の全体をイメージとして思い浮かべるのはかな

り難しいでしょう。つまり、整数は飛び飛びの数なのでイメージをつくりやすいのですが、無理数の全体はそうなっていないのです。

　円を描いて集合を表すのはあくまで集合のイメージであり、実体としての無理数の集合が円になっているわけではないことは十分注意を払う必要があります。しかし、抽象的な集合を思い描くのに円を使うのはごく自然であるし、円を描いて無理数と書くと分かることも多くあります。たとえば、実数の中で自然数、整数、有理数、無理数がどのような包含関係にあるのかは、次の図でよく分かります。

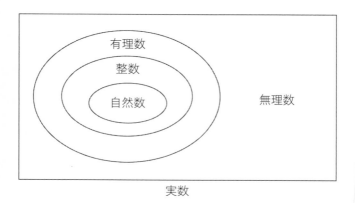

図 1.13　数の包含関係

　さらに、集合の演算に関していえば、その様々な法則はこの図形のイメージを用いて明確に図示できます。この章の最

後に、いままでに証明してきた定理のいくつかを、図として
まとめておきます。

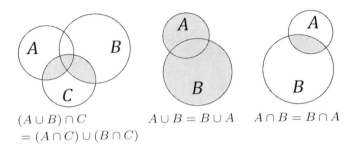

$(A \cup B) \cap C$
$= (A \cap C) \cup (B \cap C)$

$A \cup B = B \cup A$

$A \cap B = B \cap A$

図 1.14　法則のまとめ

第 2 章

写像とは何か
重要なポイント

　ここまでは集合そのものの計算について調べてきました。しかし、集合についてはたんなる和や共通部分だけでなく、二つ以上の集合の要素同士の対応関係を考えることも非常に重要です。これにより、中学校以来学んできた「関数」（1 次関数や 2 次関数、三角関数、指数関数など）も集合という概念を通して見直せば、その本質的な部分がはっきりします。

　この章では関数の一般化である「写像」について考えていきます。まず「直積集合」から始めましょう。

2.1　直積集合

座標という考え方

　中学校では平面上の点の位置を表すのに座標という概念を使いました。また、空間内の点の位置も同じように座標を使って表せました。座標というのは、このようないくつかの数の組にほかなりません。

　これを一般化して、数の組ではなく、二つの集合の元の組の全体を考え、これをこの二つの集合の「直積」といいます。

[定義]　A, B を二つの集合とする。この二つの集合の元の順序のついた組の集合、すなわち、

$$\{(a, b) \mid a \in A, b \in B\}$$

を集合 A, B の「直積集合」、あるいはたんに「直積」といい、

$$A \times B$$

と書く。

ここで、「順序のついた組」とは、二つの元の組み合わせではなく、二つの元の順列を考えるということで、具体的には (a, b) と (b, a) は異なる組と考えることを意味します。したがって、集合の直積については、$A \times B = B \times A$ は $A = B$ の場合を除いては成り立ちません。また、積という言葉を使ってはいますが、直積はいわゆるかけ算とは直接の関係はありません。

同様にして、三つ以上の集合についても、三つの元の順序のついた組 (a, b, c) を考えて、その直積集合をつくることができます。

[例1]　R を実数の集合とします。

$$R \times R = \{(x, y) \mid x, y は実数\}$$

は、普通の座標平面上の点の全体と考えられます。そこで、この $R \times R$ が座標平面を表すとし、これを R^2 と書きます。

これは直感的に分かると思います。

同様に、

$$R \times R \times R = \{(x, y, z) \mid x, y, z \text{ は実数}\}$$

は座標空間を表すと考えられ、これを R^3 と書きます。これも 2 次元からの類推で分かると思います。

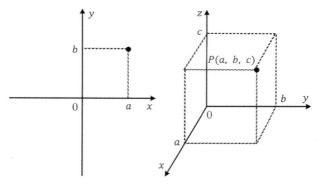

図 2.1 座標

[**例 2**]　二つの有限集合 $A = \{a_1, a_2, \cdots, a_m\}$ と $B = \{b_1, b_2, \cdots, b_n\}$ に対して、その直積集合 $A \times B$ は $m \times n$ 個の元からなる次の集合です。

$$\begin{aligned} A \times B = \{\,&(a_1, b_1), (a_1, b_2), \cdots, (a_1, b_n), \\ &(a_2, b_1), (a_2, b_2), \cdots, (a_2, b_n), \\ &\qquad\qquad\qquad \vdots \\ &(a_m, b_1), (a_m, b_2), \cdots, (a_m, b_n)\} \end{aligned}$$

　これらの組は、数の組ではないので座標のように点の位置を表すということはありませんが、上のように元の組を縦横に並べてみるとそのイメージが分かると思います。

　直積集合といままでの集合の計算との間には、次の定理が成り立ちます。

[定理]

(1) $(A \cup B) \times C = (A \times C) \cup (B \times C)$

(2) $(A \cap B) \times C = (A \times C) \cap (B \times C)$

(3) $(A - B) \times C = (A \times C) - (B \times C)$

[証明]

(1) $(A \cup B) \times C \ni x$ とする。

よって、$x = (a, c)$ とすれば、

　$a \in A \cup B$ かつ $c \in C$

ここで、

　$a \in A$ なら $(a, c) \in A \times C$

また、

　$a \in B$ なら $(a, c) \in B \times C$

したがって、

　$x \in (A \times C) \cup (B \times C)$

逆に、$x \in (A \times C) \cup (B \times C)$ とする。

よって、

$x \in (A \times C)$ 　または　 $x \in (B \times C)$

ここで

$x \in (A \times C)$ のとき、$x = (a, c),\ a \in A$ かつ $c \in C$

$x \in (B \times C)$ のとき、$x = (a, c),\ a \in B$ かつ $c \in C$

したがって、

$x = (a, c),\ a \in A \cup B$ かつ $c \in C$

すなわち、

$x \in (A \cup B) \times C$

(2)、(3) についても同様に証明できる。　　　　　　　［証明終］

　ここで簡単な注意を一つしておきます。この定理は一種の分配法則ですが、逆の側からの分配法則、すなわち

$(A \times B) \cup C = (A \cup C) \times (B \cup C)$

は、このままの形では成り立ちません。

　和集合や共通部分、補集合をつくるという演算は集合の質を変えないのに対して、直積集合をつくるという演算は、いわば集合の質を変えてしまうからです。ある集合の元そのもの a と元の組 (a, b) とは、質の異なる要素のため、たとえば、$(A \times B) \cap A$ を考えることには意味がありません。強いてい

64

えば、$(A \times B) \cap A = \phi$ となります。しかし、$A \subset A \times B$ と考えることがどうしても必要なときもあります。その場合には、ある特定の元 $b \in B$ を固定して、A を $A \times \{b\}$ とみなして、

$$A \times \{b\} \subset A \times B$$

とすることがあります。

[例 3]　座標平面を実数の集合の直積 $R \times R$ とみなしたとき、実数の集合 R は、通常 x 軸、すなわち $R \times \{0\}$ とみなし、$R \subset R \times R$ と考えます。

2.2　写像とグラフ

写像とは何か

　われわれは小学校の正比例から始まって、たくさんの関数を学んできました。中学校の 1 次関数と 2 次関数、高等学校の三角関数、指数関数、対数関数などです。関数は、

　　二つの変数 x, y があり、変数 x が変化するとき、変数 y が一定の規則にしたがって変化するとき、y は x の関数であるといい、$y = f(x)$ と書く。

という形で多くの場合、定義されます。これは、関数が「ともなって変わる二つの量の変化の様子を表す概念である」ということを強調した考え方で、自然現象や社会現象の中には、関数を使って分析できることがたくさんありますから、関数

という概念は数学にとって非常に重要です。

　ところで、この関数の概念を「変化」という動的な視点ではなく、x と y の「対応」という静的な視点でみたらどうなるでしょうか。このような視点でみた関数概念を、少し一般的に「写像」（mapping）という言葉で表現します。ここで対応というのは、集合 A の任意の元 x に対して、その相手である集合 B の元 y が一つ決まっていることを意味します。

　［定義］　二つの集合 A, B の元の間に、元の対応関係が決められているとき、この対応関係を「写像」といい、

$$f : A \to B$$

で表す。

　この対応関係 f で A の元 x が B の元 y に対応するとき、関数の場合と同様に、

$$y = f(x)$$

と表します。

　写像は、基礎となる二つの集合が必ずしも数の集合でなくてもいいので、この対応関係を式で表現することはできないかもしれませんが、その場合でも、どの元がどの元に対応するのかがはっきりしていればいいのです。

　対応を次のような図で示すことがあります。いくつかの例で示します。

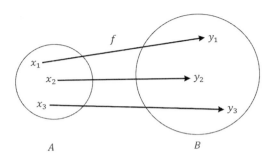

図 2.2　写像

[例 4]　小学校以来の関数は、実数の集合から実数の集合への写像です。対応関係は、多くの場合、関数の式と呼ばれる数式で示されます。

$$f(x) = 2x^3 + 3x - 1 : R \to R$$

$$f(x) = e^x : R \to R$$

[例 5]　A をある英和辞典に載っている英単語全体の集合とし、B をアルファベットの集合 $\{a, b, c, \cdots, x, y, z\}$ としましょう。写像 $f : A \to B$ を、ある単語に対して、その先頭のアルファベットを対応させる対応とします。これも写像の例となります。たとえば、

$$f(love) = f(left) = l$$

$$f(mathematics) = m$$

などとなります。

[例 6] A をある漢和辞典に載っている漢字全体の集合とし、N を自然数の集合とします。写像 $f : A \to N$ を、ある漢字に対してその画数を対応させる対応としましょう。これも写像です。たとえば、

$$f(数) = 13, \ f(学) = 8$$
$$f(集) = 12, \ f(合) = 6$$

などとなります。

このように一般の写像では対応関係がつきさえすればいいのですが、このような対応を数学的に分析することはあまり意味がありません。数学では数の世界を扱うことが多いので、これからの例はなるべく数の集合の間の写像にしましょう。

単射と全射

写像についていくつかの基本的な言葉を用意したいと思います。

写像 $f, g : A \to B$ に対して、すべての $x \in A$ について、$f(x) = g(x)$ が成り立つとき、二つの写像 f, g は「等しい」といい、

$$f = g$$

と書きます。

これは写像が本質的に写像の表現にはよらず、純粋に対応関係だけで決まっていることを表しています。たとえば、次の写像は数式としての表現は違っていますが、同じ写像とな

ります。

[例 7]　Z を整数の集合とし、$f, g : Z \to Z$ とするとき、

$$f(x) = \cos(\pi x)$$
$$g(x) = \left\{ \begin{array}{ll} 1 & x = 2n \\ -1 & x = 2n + 1 \end{array} \right\}$$

　つまり、関数といわずに写像といった場合は、対応の結果だけに重点があり、対応の途中経過、すなわち対応のさせ方には重点を置かないのが普通です。

　写像の対応元になる集合を「写像の定義域」といいます。また、定義域が異なる写像は、写像としては異なると考えます。定義域 A 内の異なる元に対しては B の異なる元が対応するとき、この写像は「単射」(injection) であるといいます。すなわち、

$$a \neq b \ \Rightarrow \ f(a) \neq f(b)$$
$$あるいは \ \ f(a) = f(b) \ \Rightarrow \ a = b$$

のとき、$f : A \to B$ は単射です。少し間違えやすいのですが、$a = b \ \Rightarrow \ f(a) = f(b)$ というのは、どんな写像についても当たり前に成り立つので注意してください。

　B 内のどんな元 y についても、定義域内の元 x で $f(x) = y$ となる x があるとき、この写像は「全射」(surjection) であるといいます。こちらも定義域内のどんな x についても $f(x) = y$ となる y があることは当たり前です。

1 対 1 の対応

とくに単射かつ全射となる写像 f のことを「全単射」（bijection）、あるいは「双射」といいます。また、この場合に限ってこの写像を「1 対 1 の対応」（one-to-one）とも呼びます。すなわち、1 対 1 の対応とは、二つの集合、A, B に対して、

1. A の一つの元に対して、B のちょうど一つの元が対応し
2. 逆に、B の一つの元に対して、A のちょうど一つの元が対応している

ときをいいます。

[例8]　有限集合 A について、その元の個数を $|A|$ と書くことにします。二つの有限集合 A, B と写像 $f : A \to B$ について、

1. f が単射なら $|A| \leqq |B|$
2. f が全射なら $|A| \geqq |B|$
3. f が全単射、すなわち A と B の間に 1 対 1 の対応がつくなら、$|A| = |B|$ が成り立つ。

有限集合に対してこれが成り立つことはほとんど明らかですが、無限集合についてはどうでしょうか。じつはこの結果は、あとで無限集合の「元の個数」を問題にするとき、もっとも基本的な定理として用います。

　もう一つ、「合成写像」について触れておきます。二つの写像 $f : A \to B,\ g : B \to C$ があるとき、この二つの写像を引き続いて行った写像、すなわち次のような写像を f と g の合成写像といい、

$$g \circ f : A \to C$$

と書きます。

　これは普通の関数の合成とまったく同じで、「引き続いて行う」とは、

$$x \in A \ に対して \ g(f(x)) \in C$$

を対応させることを意味します。このとき、f, g の順序に注意しましょう。これは昔からこう書く約束になっています。

　次に、この写像の記号の特別な扱い方を説明します。

　$f : A \to B$ とします。

　いま、A の部分集合を U とするとき、

$$\{y \,|\, y \in B,\ y = f(x) \ となる \ x \in U \ がある \}$$

という B の部分集合を、U の写像 f よる「像」または「イメージ」といい、記号 $f(U)$ で表します。ようするに、写像 f で集合 U の元の移った先全体のことです。これは写像 f で決まるので同じ記号 f を使って表しますが、像が B の部分集合であり、$f(U)$ 全体が集合を表していることに注意してください。あたかも集合 U を変数とする写像のようにみえますが、それはあくまで表現の問題です。

　ここで、$f(A)$ を写像 f の「値域」といいます。

　これを使うと、写像 f が全射であるとは、$f(A) = B$ が成

71

り立つときと表現できます。また、B の部分集合を W とするとき、

$$\{x \mid x \in A, \ f(x) \in W\}$$

という A の部分集合を、W の写像 f についての「逆像」または「インバースイメージ」、「原像」などといい、記号

$$f^{-1}(W)$$

で表します。ようするに、写像 f で移すと W に入る元の全体です。また、これは A の部分集合でもあります。

　ここで一つ重要な注意をしましょう。逆像を表すのに記号 f^{-1} を使いますが、f^{-1} は一般には写像ではありません。それは、$f^{-1}(y)$ すなわち、一つの元 y の逆像が一つに決まるとは限らないからです。y の逆像が二つ以上あるときは f^{-1} は写像になりません（正確には一つの元 y と一つの元からなる集合 $\{y\}$ は、区別しなければならないため、$f^{-1}(y)$ は $f^{-1}(\{y\})$ ですが、ここでは混乱が起きない限り $f^{-1}(y)$ と書きます）。

　これを使うと、写像 f が単射であるとは、値域 $f(A)$ 内のすべての y に対して、その逆像 $f^{-1}(y)$ が一つの元からなるとき、と表現できます。

　さらに、f が全射でもあるときは、写像としての $f^{-1}\colon B \to A$ が決まります。この写像を f の「逆写像」といいます。

　少しややこしく感じるかもしれませんので、それぞれの写像のイメージを図で表して整理してみます。

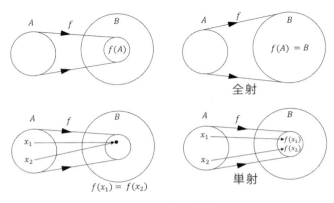

図 2.3　写像のまとめ

中学校へ戻ってみよう

　さて、中学校以来学んできた関数にはグラフがつきものでした。関数は座標平面にそのグラフが描けますし、そのグラフをみることで関数の性質を視覚的なイメージとしてとらえられます。これは非常に大切なことで、1 次関数と 2 次関数の性質の違いは、そのグラフをみれば一目瞭然です。

　関数のグラフは、座標平面上に点 $(x, f(x))$ をとり、x を動かしたときのその点の軌跡と考えられますが、点 $(x, f(x))$ の集合と考えることもできます。この考えを一般の集合の写像に拡張しましょう。

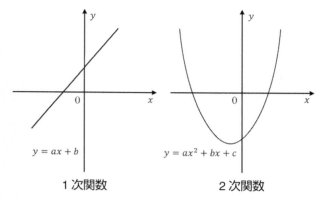

図 **2.4** 1 次関数と 2 次関数

[定義]

 集合 A, B と写像 $f : A \to B$ に対して、直積集合 $A \times B$ の部分集合

$$\{(x, f(x)) \mid x \in A,\ f(x) \in B\}$$

を、この写像のグラフといい、

$$\Gamma(f)$$

と書く（Γ はギリシャ文字のガンマ）。

 写像のグラフは、普通の関数のグラフと集合の考えとしては同じものです。ただ、普通の関数のグラフが二つの変量の関係を表しているという意味合いが強いのに対して、写像のグラフは対応関係を図示しているという意味合いが強く、変

量という意味が薄れていることに注意しましょう。それを強調すると次の定理になります。

[定理]　直積集合 $A \times B$ の部分集合 U が A の任意の元 a について、

$$(\{a\} \times B) \cap U = \{(a, b)\}$$

となるとき、すなわち、各 $a \in A$ について $(a, b) \in U$ となる $b \in B$ がちょうど一つ決まるとき、U をグラフに持つ写像 $f : A \to B$ が一つ決まる。

この定理の表現は、少し分かりにくいかもしれません。イメージで考えると図 2.5 のように、集合 B に「平行」な集合 $a \times B$ で U を「切った」とき、それがちょうど一点 (a, b) で U と交わるということです。ただし、「平行」とか「切る」という言葉はあくまでイメージとして考えてください。

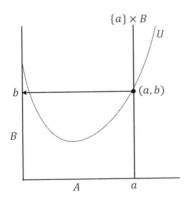

図 2.5　平行な集合で切る

[証明] A から B への写像 $f : A \to B$ を $f(a) = b$ で決めればよい。 [証明終]

不動点定理

　中学校や高等学校でも、直線や放物線を図形とみるか、関数のグラフとみるか（すなわち点の軌跡とみるか）という二つの立場がありました。図形とみる見方を強調すると解析幾何学（図形と方程式）となり、関数のグラフとみる見方を強調すると解析学（微分積分学）となります。

　数学ではこの二つの立場を自由に行き来できることが大切ですが、写像のグラフとはどちらかというと、グラフを図形（直積集合の部分集合）としてみるという立場を強調しているわけです。

　[定義]　集合 X の直積集合 $X \times X$ に対して、その部分集合

$$\{(x, x) \mid x \in X\}$$

を、この「直積集合の対角線」といい、ここでは記号、

$$D(X \times X)$$

で表すことにする。

　写像 $f : X \to X$ に対して、$f(x) = x$ となる x を「写像 f の不動点（fixed point）」といいます。

　グラフ $\Gamma(f)$ と対角線 $D(X \times X)$ の共通部分が空集合 ϕ

でないとき、

$$\Gamma(f) \cap D(X \times X)$$

の元 x が、この写像の不動点です。

すなわち、

$$\Gamma(f) \cap D(X \times X) \ni (x, x)$$

に対して、$f(x) = x$ が成り立っています。

これは集合を直線として図示しないとイメージがつくれませんが、下のような図になります。

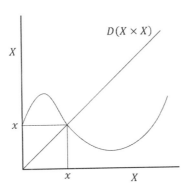

図 2.6　不動点

これを使うと次のような面白い定理が簡単に得られます。

> **[定理]**　X を閉区間 $[0, 1]$ とし、$f : X \to X$ を連続な関数とする。このとき f は少なくとも一つ不動点を持つ。すなわち、$f(a) = a$ となる $a \in [0, 1]$ が少なくと

も一つ存在する。

[証明]　関数 $f(x)$ のグラフは下の図 2.7 のように、$X \times X$ の向かい合った 2 辺を結ぶ曲線である。この曲線は連続だから、必ず対角線と交わる。交わった点の x 座標を a とすると、この a が不動点である。　　　　　　　　　　[証明終]

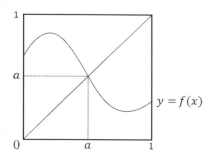

図 **2.7**　不動点定理

2.3　配置集合と集合の冪

写像の集合

　さて、いままで集合から集合への写像を一つ一つのモノとみて、その扱いを考えてきました。しかし、集合 A から B への写像全体を新しい一つの集合と考えると、そこからみえてくる集合の別の姿があります。そこで、次のような集合を考えてみましょう。

> **［定義］** 集合 A から B への写像の全体がつくる集合を、 A の B への「配置集合」といい、 B^A と書く。
>
> $$B^A = \{f \mid f : A \to B\}$$

ただし、集合 A が空集合の場合は、 A から B への写像を考えることができません。この場合は写像が一つもないので、 $B^A = \phi$ と考えることもできますが、ここでは A が空集合の場合は、配置集合は考えません。

［例9］ A を任意の集合とし、 $0, 1$ の二つの元だけからなる集合を $\{0, 1\}$ とします。このとき、配置集合 $f : A \to \{0, 1\}$ はどのような集合になるでしょうか。

配置集合 $\{0, 1\}^A$ の元を f とすると、 $f : A \to \{0, 1\}$ です。これは集合 A の各元に 0 または 1 のいずれかを対応させる対応です。ここで、 A の部分集合 B_f を、次のように決めます。

$$B_f = \{x \mid x \in A, \ f(x) = 1\}$$

すなわち、 B_f は写像 f で 1 に移るような元の全体となります。逆に、 A の部分集合 B に対して、写像 $f_B : A \to \{0, 1\}$ を、

$$f_B(x) = \begin{cases} 0 & x \notin B \\ 1 & x \in B \end{cases}$$

と決めると、部分集合 B に対して一つの写像 $f_B: A \rightarrow \{0,1\}$ が決まります。

この写像と部分集合の対応は明らかに 1 対 1 です。すなわち、写像 f を決めると部分集合 B_f が一つ決まり、逆に部分集合 B を決めると写像 f_B が一つ決まります。

したがって、この場合の配置集合 $\{0,1\}^A$ は、f を B_f と同一視することによって、集合 A の部分集合の全体がつくる集合を表していると考えられます。

次の図を参考にしてください。

$$A = \{a, b, c, \cdots\} \qquad\qquad A = \{a, b, c, \cdots\}$$
$$f \downarrow \quad \downarrow\downarrow\downarrow \quad \{a, c, \cdots\} \quad \downarrow \quad \downarrow\downarrow\downarrow \quad \{c, \cdots\}$$
$$\{0,1\} \quad 1\ 0\ 1\ \cdots \qquad\qquad \{0,1\} \quad 0\ 0\ 1\ \cdots$$

集合 A の部分集合全体がつくる集合を、A の「巾集合」といいます。これについては、あとでもう少し詳しく考えましょう。

記号 B^A について

もう一つ、配置集合のおかしな記号 B^A について説明しておきます。

これは数の計算でいう巾乗の形をしています（巾集合という用語はここからきているのだと思います）。つまり、数でいうと $4^3 = 4 \times 4 \times 4$ というように、同じ数の何個かの積の略記法としての意味を持っています。

では、配置集合の記号も直積（×）の略記なのでしょうか。

例を、座標平面 R^2 にとって考えてみましょう。R^2 は、前に直積 $R \times R$ の略記法と説明しました。しかし、これは

2という集合の R という集合への配置集合を表すともみなせます。ここで、集合2を元が二つの集合とみて、集合 $\{1,2\}$ と考えます。

すると、座標平面とは、

$$f:\{1,2\} \to R$$

という写像の全体になります。ところが、上のような写像は 1, 2 の像 $f(1) = x_1, f(2) = x_2$ を決めると決まってしまいます。つまり

$$f:\{1,2\} \to R \text{ を決める} \quad \Leftrightarrow \quad (x_1, x_2) \text{ を決める}$$

という1対1の関係が成り立ち、配置集合は (x_1, x_2) という「順序対」の全体と同一視できるのです。ここで、順序対とは「二つの数学的対象を対にし、前後の特徴付けをしたもの」のことをいいます。したがって、いまの場合、R^2 を $R \times R$ の略記法と考えても、配置集合 R^2 と考えても結局は同じ集合を表します。

n 個の元を持つ有限集合を $n = \{1, 2, \cdots, n\}$ とすれば、まったく同様にして $f : n \to R$ を決めることは、n 個の値 $f(1) = x_1, f(2) = x_2, \cdots, f(n) = x_n$ を決めることと同じになり、結局、写像 $f : n \to R$ と順序のついた n 組 $(x_1, x_2, \cdots, x_n)$ とは同じものと考えられます。つまり、

$$R^n = R \times R \times \cdots \times R$$

は、直積集合の略記法とも配置集合とも考えることができるのです。

一般の場合も原理は同じことで、配置集合 B^A は「集合 B

の集合 A 個の直積」になるのですが、これはいささかイメージしにくいと思います。そこで、これについては、後の章で「集合の基数」を導入したときにもう一度説明します。ここでは以下のような説明で、その直感的なイメージだけをつかんでください。

いま、集合 A を $A = \{\cdots, a, b, \cdots\}$ とします。これは大変に乱暴な書き方で、$\cdots$ の部分はまったく明らかでないため、第 1 章で述べた集合の書き方に違反しています。$\cdots$ の部分をきちんと説明してほしいと要求されたら困ってしまいますが、ここではとにかく説明のためにちょっと我慢してください。

さて、$f : A \to B$ という写像を一つ考えます。これは A の各元に B の一つの元を対応させています。つまり、上の乱暴な表記でいうと、a には $f(a)$ が、b には $f(b)$ が対応しています。これを次のように書くことにします。

$$f : \{\cdots, a, b, \cdots\} \to \{\cdots, f(a), f(b), \cdots\}$$

つまり、配置集合の元 f が決まるというのは $(\cdots, f(a), f(b), \cdots)$ が決まるということと同じです。ところで、右辺は集合 B の元の「A 個の順序組」と考えられます（順序対を思い出してください）。つまり、配置集合はたしかに積の拡張としての巾になっているのです。

配置集合はあとで「基数」の巾を考えるときに使います。ここでは、二つの集合 A, B から新しい配置集合 B^A をつくる演算は、和集合、差集合、共通部分をつくる演算とは質的に異なり、まったく新しい集合をつくり出しているというこ

とだけを確認しておきます。

2.4　集合の演算と写像の関係

　ここまでに集合の概念とその演算、二つの集合の元の間の関係としての写像について説明してきました。これらは独立しているわけではなく、当然、互いに関係を持っています。そこで、集合算と写像の関係についてまとめてみましょう。

　いままでに学んだ和集合、共通部分と写像の間には、次のような関係が成り立ちます。

[定理]　$f : X \to Y$ を集合 X, Y の間の写像とする。

（1）　X の部分集合 U, V に対して、

$$f(U \cup V) = f(U) \cup f(V)$$
$$f(U \cap V) \subset f(U) \cap f(V)$$

（2）　Y の部分集合 U, V に対して

$$f^{-1}(U \cup V) = f^{-1}(U) \cup f^{-1}(V)$$
$$f^{-1}(U \cap V) = f^{-1}(U) \cap f^{-1}(V)$$
$$f^{-1}(Y - U) = X - f^{-1}(U)$$

　$f(U)$, $f^{-1}(U)$ などの記号を使っていますが、これらはすべて Y または X の部分集合であることに注意してください。

[証明] (1) 最初の式を示す。$f(U \cup V) \ni y$ とする。

したがって、$y = f(x), x \in U \cup V$ となる x がある。

このとき、

$x \in U$ なら $f(x) \in f(U)$,すなわち、$y \in f(U)$

$x \in V$ なら $f(x) \in f(V)$,すなわち、$y \in f(V)$

よって、$y \in f(U) \cup f(V)$ となる。

逆に、$y \in f(U) \cup f(V)$ とすると、

$y \in f(U)$ なら $y = f(x), x \in U$ となる x がある。

また、

$y \in f(V)$ なら $y = f(x), x \in V$ となる x がある。

よって、$y = f(x), x \in U \cup V$ となる x があるから

$y \in f(U \cup V)$

次に、二番目の式を示す。

$f(U \cap V) \ni y$ とする。

したがって $y = f(x), x \in U \cap V$ となる x がある。

このとき、

$x \in U$ だから $f(x) \in f(U)$,すなわち、$y \in f(U)$

$x \in V$ だから $f(x) \in f(V)$,すなわち、$y \in f(V)$

よって $y \in f(U) \cap f(V)$ だから、

$f(U \cap V) \subset f(U) \cap f(V)$ [証明終]

反例という方法

　（1）の証明は以上の通りですが、（1）の2番目の式で等号が成り立たないのはなぜでしょうか。このようなとき、数学では等号が成り立たないような例を一つ示すのが普通です。このような例を「反例」といい、この場合は、次のような簡単な反例があります。

［反例］

　実数から実数への写像 f を $f(x) = x^2$ とする。また、$U = [-1, 0]$, $V = [0, 1]$ とする。このとき、

$$U \cap V = \{0\}$$

だから、$f(U \cap V) = \{0\}$。ところが $f(U) = [0, 1]$, $f(V) = [0, 1]$ だから、

$$f(U) \cap f(V) = [0, 1]$$

となり等号は成り立たない。

　続いて（2）を示す。

　まず、最初の式 $f^{-1}(U \cup V) = f^{-1}(U) \cup f^{-1}(V)$ を証明する。

　$f^{-1}(U \cup V) \ni x$ とする。

　したがって、$f(x) \in U \cup V$。

　すなわち、$f(x) \in U$ または $f(x) \in V$。

　よって、

$$f(x) \in U \text{ なら } x \in f^{-1}(U)$$

また、

$$f(x) \in V \text{ なら } x \in f^{-1}(V)$$

となり、$x \in f^{-1}(U) \cup f^{-1}(V)$。

逆に、$x \in f^{-1}(U) \cup f^{-1}(V)$ とする。

したがって、$x \in f^{-1}(U)$ または $x \in f^{-1}(V)$。

よって、

$$x \in f^{-1}(U) \text{ なら } f(x) \in U$$

また、

$$x \in f^{-1}(V) \ni x \text{ なら } f(x) \in V$$

したがって、$f(x) \in U \cup V$ となり $x \in f^{-1}(U \cup V)$。

次に、二番目の式 $f^{-1}(U \cap V) = f^{-1}(U) \cap f^{-1}(V)$ を示す。

$f^{-1}(U \cap V) \ni x$ とする。したがって、$f(x) \in U \cap V$ すなわち、$f(x) \in U$ かつ $f(x) \in V$。

よって

$$x \in f^{-1}(U) \text{ かつ } x \in f^{-1}(V)$$

となり、したがって、$x \in f^{-1}(U) \cap f^{-1}(V)$。

逆に、$f^{-1}(U) \cap f^{-1}(V) \ni x$ とする。

すなわち、$x \in f^{-1}(U)$ かつ $x \in f^{-1}(V)$。

したがって、

$$f(x) \in U \text{ かつ } f(x) \in V \text{ つまり、} f(x) \in U \cap V$$

よって、$x \in f^{-1}(U \cap V)$。

次に、三番目の式を示す。

$f^{-1}(Y - U) \ni x$ とする。

したがって、$f(x) \in Y - U$ すなわち、$f(x) \notin U$。

よって、$x \notin f^{-1}(U)$ すなわち、$x \in X - f^{-1}(U)$。

逆も同様だから、

$$f^{-1}(Y - U) = X - f^{-1}(U) \qquad\qquad [終]$$

モノの集まりの原風景

さて、以上でわれわれがこれから集合を扱おうとするときに必要となるであろう計算の技術的な準備はだいたい終わりました。

最初に述べたように、集合とは素朴な意味でのものの集まりのことをいいます。その元（要素）の間には原則としては、数の集まりのような演算、あるいは図形の集まりのような相似、合同などの関係などはまだ存在していません。二つの元を足すとか、二つの元をかけるとか、あるいは元を比較するとかいうことは、普通の集合上ではまだ意味がありません。

したがって、集合を素朴に扱うには、以上のような和集合、共通部分、差集合、あるいは二つの集合の元の間の対応関係、すなわち写像といった概念が用意されていれば十分なのです。われわれも当面の間は、ここまでに用意した演算ですむような集合の性質を調べていきましょう。いわば、ここでわれわれがみているものは、初原的なものの集まりの原風景なので

す。ここではすべてのものは、その大きさや長さ、あるいは色、形などの属性をはぎ取られ、ただ一つの「モノ」として存在しています。その限りでは、まったく無原則的に平等な、超平等社会の姿をわれわれはみているのです。

　実際の集合は、その元が様々な属性と関係を持ちます。数の集合という抽象的なものの集まりでさえ、その中には演算という構造が入り込んでいます。

　結局、集合とはそのような様々な構造を構成していく場を与えている世界です。そのような構造の一つとしての「位相」をわれわれは第5章以降で探っていくことになります。

第 3 章
無限をかぞえる
カントールの活躍

個数と並べ方

さて、いままでの準備のもとで集合の性質について調べていくことにします。しかし、集合の性質という言葉はいったい何を意味しているのでしょうか。

何回も述べたように、われわれの集合はたんなる（一定の条件を満たす）ものの集まりです。前章で触れたとおり、ここでは集合の構成員である一つ一つの元について、数の集まりのような演算、あるいは図形の集まりのような性質を考えることには意味がありません。それは、前章の言葉でいうと「モノ」の集まりの原風景でした。

では、そんな素朴な立場で考えることができる集合の性質などあるのでしょうか。少し考えてみると、扱える性質が二つほどあることが分かります。それは、

集合の元の個数
集合の元の並べ方

の問題です。

これらの問題意識は、有限集合のときはほとんど説明を要しません。元の個数といえば、1 個とか、2 個とか決まるだろうし、並べ方の方も、たとえばアイウエオ順とかアルファ

ベット順とかいろいろあります。

　ところで、この二つの性質を比較してみると、じつは並べ方という場合には、個数という場合よりも細かい性質を問題にしていることが分かります。たとえば、集合 $\{a, b, c\}$ はどう並べてもその個数は 3 個ですが、並べ方まで問題にすると 3! 通り、すなわち 6 通りあります。この 6 通りを書き出してみると、

$$\{a, b, c\}, \{a, c, b\}, \{b, a, c\}, \{b, c, a\},$$
$$\{c, a, b\}, \{c, b, a\}$$

となります。これで分かるように、並べ方まで問題にするのは少し詳しい議論が必要になります。そこで、ここではまず集合の元の個数を問題にすることにしましょう。

3.1　有限集合の元の個数

元を数えてみる

　無限集合にも「元の個数」という概念があるのでしょうか。これは大変に興味深い問題ですが、それは後の節で扱うことにして、しばらく有限集合の元の個数を問題にしましょう。

　有限集合 A がちょうど n 個の元を持つとき、集合 A の基数は n であるといい、記号

$$|A| = n$$

で表します。基数という用語が登場しましたが、これについては後の節でその定義を紹介することにします。

　ところで、何気なく集合がちょうど n 個の元を持つといいましたが、集合が n 個の元を持つとはどういうことなのでしょうか。もちろん、これは普通に集合の元を数えると分かることですが、さらにつっ込んで、元を数えるとはどういうことなのだろうか、といわれると少し困るかもしれません。これは後の無限集合にも関係してくるので、もう少し詳しく説明します。

　われわれはごく自然に、自然数の集合、

$$\{1, 2, 3, \cdots, n, \cdots\}$$

を考えることができます。これは無限集合だから、それを私たちが自然に考えることができるのは少し不思議な気がしますが、たぶん … の部分は気分として理解しているつもりになっているのでしょう。もちろん、いまはそれで十分です。

　さて、集合の元をわれわれは日本語で「いち、に、さん、…」と呼んでいます。ものを数えるという行為は、この数詞を一つずつ集合の元に張りつけていくという行為にほかなりません。つまり、

$$
\begin{array}{cccc}
\text{いち} & \text{に} & \text{さん} & \text{よん} \\
a & b & c & d
\end{array}
$$

となり、数詞が「よん」で終わったときは、その数詞「よん」を数字 4 で表して、集合には 4 個の元があります。

　結局、普通の人は、自然数の集合を数詞の無限系列として記憶していて、ものを数えるときはその無限系列の数詞を一つ一つ頭の中から取り出し、集合の元に張りつけているわけです。ものの個数を数えるという行為の正体は、このように

自然数の集合のある部分集合の元と、数えたい集合の元とを 1 対 1 に対応させるということにあります。これは次の段階で、無限集合の「元の個数を数える」ときに、もっとも基本的なアイデアとして使います。ただし、ここでは以上のようなことを押さえたうえで、ごく素朴にものの個数を考えましょう。

包除原理という方法

さて、もう一度、有限集合の元の個数に戻りましょう。

二つの有限集合、A, B に対してそれぞれの元の個数を $|A| = m, |B| = n$ とします。このとき、その和集合 $A \cup B$ の元の個数はいくつになるでしょうか。これは、具体的には次のような問題です。

[問題] クラスの中で通学に自転車を使う者は 30 人、通学に電車を使う者は 15 人である。通学に自転車、または電車を使う者は何人いるだろうか?

上の問題には、どう答えたらいいでしょうか。単純に、$30 + 15 = 45$ としてはいけないのでしょうか。残念ながら、この問題はこのままでは解けません。それは、図 3.1 でも明らかです。

すなわち、通学に自転車と電車両方を使っている学生がいるかもしれないからです。そこで、上の問題に「自転車と電車両方を使っている学生は 10 人いた」という条件を付け加えます。すると、電車だけ使っている学生は $15 - 10 = 5$ で 5 人ですから、結局、通学に自転車または電車を使っている学生は 35 人になります。これを一般化すると次の定理が成

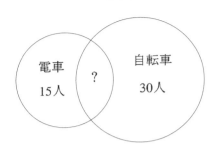

図 3.1
通学手段の集合

り立ちます。

[定理]　有限集合 A, B に対して次の式が成り立つ。

$$|A \cup B| = |A| + |B| - |A \cap B|$$

[証明]　$A \cup B$ の元の個数を数えるために、A, B の元の個数を数える。このとき、$A \cap B$ に入る元は 2 重に数えられるため、全体ではその分の個数を引けばよい。　　　　　[証明終]

　このようにして、いくつかの有限集合の和集合の元の個数を数えるときには、それぞれの集合の元の個数の和から共通部分の元の個数を引かなければなりません。これを少し難しい言葉で「包除原理」と呼びます。難しそうな名前をつけていますが、実際は、2 重に数えてしまったものを引くということにほかなりません。しかし、この簡単な原理もうまく使うと大変に便利です。

　まずは、この原理を三つの集合に拡張しましょう。

いま、三つの有限集合 A, B, C を考えます。その和集合 $A \cup B \cup C$ の元の個数について次の定理が成り立ちます。

[定理] 有限集合 A, B, C について次の式が成り立つ。

$$|A \cup B \cup C| = |A| + |B| + |C|$$
$$- (|A \cap B| + |B \cap C| + |C \cap A|)$$
$$+ |A \cap B \cap C|$$

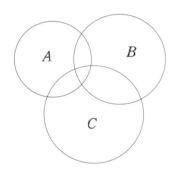

図 3.2　包除原理

[証明]　　上の式を二つの集合 A と $B \cup C$ の和集合とみて、先ほどの定理を適用すると、

$$|A \cup (B \cup C)| = |A| + |B \cup C| - |A \cap (B \cup C)|$$

となるが、集合の計算のところで証明した $\cap$ の分配法則によって、

$$A \cap (B \cup C) = (A \cap B) \cup (A \cap C)$$

なので、ふたたび前の定理を使うとこの集合の元の個数は、

$$|A \cap (B \cup C)| = |(A \cap B) \cup (A \cap C)|$$
$$= |A \cap B| + |A \cap C| - |(A \cap B) \cap (A \cap C)|$$
$$= |A \cap B| + |A \cap C| - |A \cap B \cap C|$$

となる。また、

$$|B \cup C| = |B| + |C| - |B \cap C|$$

だから、これらの式を上の式に代入して、

$$|A \cup (B \cup C)| = |A| + |B \cup C| - |A \cap (B \cup C)|$$
$$= |A| + |B| + |C| - |B \cap C|$$
$$- |A \cap B| - |A \cap C| + |A \cap B \cap C|$$

となる。　　　　　　　　　　　　　　　　　　　　　　　　　　[証明終]

さらに一般化すると、次の包除原理が得られます。

[定理]（包除原理）

n 個の有限集合 $A_1, A_2, A_3, \cdots, A_n$ の和集合 $\bigcup_{i=1}^{n} A_i$ の元の個数について、次の式が成り立つ。

$$\left| \bigcup_{i=1}^{n} A_i \right| = \sum_{i=1}^{n} |A_i| - \sum_{i,j} |A_i \cap A_j|$$
$$+ \sum_{i,j,k} |A_i \cap A_j \cap A_k| - \cdots$$
$$+ (-1)^{n-1} |A_1 \cap A_2 \cap \cdots \cap A_n|$$

これはいかにも難しそうな式なので、初めてこの式に接した人は少しぎょっとするかもしれませんが、じつはその成り立ちを考えると、そんなに恐ろしい式ではありません。$n = 2$, $n = 3$ の場合をみてきた読者にとっては、明確な意味を持った式ではないかと思います。

つまり、この式は2重、3重に数えられているものの個数を、足したり引いたりしているわけです。包除原理という言葉は、そのことを意味しています。ここではこの式の直接の証明は省略します。集合の個数についての帰納法で証明すればよいので、興味のある人はトライしてください。

ところで、この包除原理は次のような形で使われることも多くあります。

[例題] 210までの整数で210と互いに素な数、すなわち、210と共通の約数を持たない数はいくつあるか。

この問題は、1から210までの数をすべて書き出し、共通約数を持たない数を拾いだせば分かりますが、もう少しエレガントに求めてみましょう。

[解] $210 = 2 \times 3 \times 5 \times 7$ に注意しよう。1から210までの数のうち、

　　2の倍数の集合を A、3の倍数の集合を B、

　　5の倍数の集合を C、7の倍数の集合を D

とすると、

$$|A| = \frac{210}{2} = 105, \quad |B| = \frac{210}{3} = 70,$$

$$|C| = \frac{210}{5} = 42, \ |D| = \frac{210}{7} = 30$$

となる。

　これらをすべて足せば210と共通の約数を持つ数の個数が分かるが、じつは2重、3重に数えられてしまうものがある。すなわち、6は2の倍数でもあるし、3の倍数でもある。あるいは、30は2と3と5の倍数になっている。したがって、このように2重、3重に数えられたものを引かなければならない。そこで包除原理を使う。

　2の倍数でも3の倍数でもあるものは、$A \cap B$ という集合の元だから、

$$|A \cap B| = \frac{210}{2 \times 3} = 35$$

同様に、

$$|A \cap C| = \frac{210}{2 \times 5} = 21, \ |A \cap D| = \frac{210}{2 \times 7} = 15,$$

$$|B \cap C| = \frac{210}{3 \times 5} = 14, \ |B \cap D| = \frac{210}{3 \times 7} = 10,$$

$$|C \cap D| = \frac{210}{5 \times 7} = 6$$

さらに、3重、4重に数えられるものは、次のようになる。

　3重に数えられるものは、

$$|A \cap B \cap C| = \frac{210}{2 \times 3 \times 5} = 7,$$

$$|A \cap B \cap D| = \frac{210}{2 \times 3 \times 7} = 5,$$

$$|A \cap C \cap D| = \frac{210}{2 \times 5 \times 7} = 3,$$

$$|B \cap C \cap D| = \frac{210}{3 \times 5 \times 7} = 2$$

4 重に数えられるものは、

$$|A \cap B \cap C \cap D| = \frac{210}{2 \times 3 \times 5 \times 7} = 1$$

よって、包除原理より、210 と共通の約数を持つ数の個数は

$$105 + 70 + 42 + 30 - (35 + 21 + 15 + 14 + 10 + 6)$$
$$+ (7 + 5 + 3 + 2) - 1 = 162$$

となり、結局、210 と共通の約数を持たない数は $210 - 162 =$ 48 で 48 個（1 は約数の中に含めないので、これは 1 を含んだ個数です）。 [終]

　上の例題のように、包除原理はその集合の補集合の元の個数を求めるという形で使われることも多いです。このとき、定理は次のようになります（簡単のため $n = 3$ のときを示します）。

[定理]　全体集合を U とする。このとき U の部分集合 A, B, C のいずれにも含まれない元の個数は、

$$
\begin{aligned}
|(A \cup B \cup C)^c| &= |U| - |A \cup B \cup C| \\
&= |U| - (|A| + |B| + |C|) \\
&\quad + (|A \cap B| + |A \cap C| \\
&\quad + |B \cap C|) - |A \cap B \cap C|
\end{aligned}
$$

　実際の有限集合の個数の数え上げには、以上の包除原理がよく使われます。

部分集合を数える

　次に有限集合の部分集合の個数について考えてみましょう。二つの元を持つ集合を $A = \{a, b\}$ とします。集合 A の部分集合はいくつあるでしょうか。

　これは簡単な組み合わせの問題で、元を一つも持たないもの、元を一つ持つもの、元を二つ持つもの、と場合分けして考えると、

$$\phi, \qquad \{a\}, \qquad \{b\}, \qquad \{a, b\}$$

の四つがあることはすぐに分かります。これを視覚的にとらえるために、次のような工夫をしてみましょう。

a	b	部分集合
0	0	{ }
1	0	$\{a\}$
0	1	$\{b\}$
1	1	$\{a, b\}$

　この表の a, b の下の $0, 1$ は、それぞれの元がある部分集合に入るか入らないかを表しています。0 はその元を含まないことを表し、1 はその元を含むことを表します。

　したがって、それぞれの部分集合は $0, 1$ の 2 つの数字を 2 個並べる並べ方に対応して決まります。ところで、この二つの数字 $0, 1$ の並べ方は全部で $2^2 = 4$ 通りあるので、部分集合も全部で四つあります。

一般に、n 個の元を持つ有限集合 A の部分集合の全体の個数を考えると、上と同様に、

a_1	a_2	a_3	$\cdots$	a_n
0	0	0	$\cdots$	0
1	0	0	$\cdots$	0
0	1	0	$\cdots$	0
$\vdots$	$\vdots$	$\vdots$	$\ddots$	$\vdots$
1	1	1	$\cdots$	1

という表をつくることができます。

この $0, 1$ からなる数列は、上から順に部分集合

$$\phi, \{a_1\}, \{a_2\}, \cdots, \{a_1, a_2, \cdots, a_n\}$$

に対応しています。

結局、A の部分集合の個数はこの数列の個数に等しく、それは 2^n 個となります。

[定理]
n 個の元を持つ集合の部分集合の個数は 2^n である。

上の結果をふまえて、一般の集合に対しても、集合 A の部分集合全体がつくる集合を、記号

$$2^A$$

で表すことにします。これは以前、配置集合を扱ったとき、A の巾集合と呼んだ新しい集合を表す記号でした。そこでは、集合 A の部分集合の全体がつくる集合については、これが配

置集合 $\{0, 1\}^A$ で表されることを調べました (第 2 章)。すなわち、

$$2^A = \{0, 1\}^A$$

です。ここで、$|\{0, 1\}| = 2$ なので、上の記号 2^A は、数字 2 を集合 $\{0, 1\}$ を表す記号として読めば、配置集合の表し方と矛盾していないことが分かります。これは後で基数の巾として取り上げます。

　この部分集合の個数の数え上げは、後の節で無限集合の部分集合の個数に拡張され、大変に興味深い結果を生み出すのですが、それはあとの楽しみとしましょう。

3.2　無限集合の基数

自然数はどう無限か

　さて、われわれの最初の目標は、集合の「元の個数」という概念が、無限集合に関して拡張できるかどうかを考えることでした。たとえば、「自然数の個数」を考えてみましょう。自然数は無限にあります。これは誰でも直感的に知っています。もう少し数学的にいい表すと、

　　　どんな大きな自然数より大きな自然数がある。

あるいは

　　　自然数に最大数は存在しない。

となります。

これは人が無限を扱うときのもっとも原始的な考え方だといえます。たとえていうとこんな具合でしょうか。

　A、B 二人の人物が先手・後手に分かれて大きな自然数をいい合うゲームをします。大きな自然数をいった方が勝ちです。先手の A は必死になって考えました。考えて考えて、考え抜いたあげくにこういいました。「3」。すると、後手の B は押し黙ってしまいました。天を仰ぎ、地にうつむき、苦悶の表情で考えていた B は、とうとう口を開きました。「君の勝ちだ」。

　もちろんこれは冗談です。実際、こんな笑い話がありますが、現実にこんなことになるはずがありません。このゲームが、後手必勝なのは明らかです。後手には「先手のいった数＋1」という究極の必勝法があるからです。

　この考えは、後にもっと洗練されて、関数や数列の「連続性」という概念に使われるようになりましたが、それは位相のところでふれます。ここでは、自然数は無限にたくさんあることが直感的に分かっていればいいでしょう。

　さて、自然数は無限にあります。同じように偶数も無限にあります。あるいは、素数も無限にあるし（ただし、これはあまり明らかではありません。数学的には証明を必要とする命題です）、実数も無限にあります。どれもみな無限にあるのだから、個数はいくつか、と聞いても意味はなさそうです。しかし、読者のみなさんは、ここで本書の最初の方で述べたことを思い出してください。それは、集合の外延的記法に関する注意です。

　われわれは自然数の集合を、

$$\{1,\, 2,\, 3,\, \cdots,\, n,\, \cdots\}$$

と書いても、これが自然数の集合であることを認識できます。
実際には、この $\cdots$ の部分は曖昧であるはずですが、それに
もかかわらずこれを自然数の集合と思えます。

　一方、実数の集合はそれを、

$$\left\{0,\, 1,\, \frac{3}{4},\, \sqrt{3},\, \pi,\, \cdots\right\}$$

と書いてみても、これが実数の集合であると「実感」するの
は困難です。たとえば、この中にはマイナスの数が書かれて
いません。そこでそれを書き足します。

$$\left\{0,\, 1,\, \frac{3}{4},\, \sqrt{3},\, \pi,\, -1,\, \cdots\right\}$$

　しかし、これでもまだ足りません。たとえば立方根は？
そこでまた書き足します。

$$\left\{0,\, 1,\, \frac{3}{4},\, \sqrt{3},\, \pi,\, -1,\, \sqrt[3]{5}, \cdots\right\}$$

　こんな作業をいつまでやっても意味がないことは明らかで
しょう。すなわち、自然数の集合の場合は省略された $\cdots$ の
部分を、われわれはいつでも想像し、復元できると思っている
のに対して、実数の集合の場合は省略された $\cdots$ がどうなっ
ているのかはまったくはっきりしません。同じ無限といって
も、自然数の無限と実数の無限とでは「無限の在り方」に、
何か本質的な違いがあるのではないでしょうか。これが、わ
れわれの無限の性質を調べる出発点となります。

　もう少し詳しく考えてみましょう。

自然数と実数の違い

　自然数の集合の場合、省略された $\cdots$ をわれわれが想像できるというのはどういう意味なのでしょうか。想像できる、という言葉は数学用語ではありません。だから、それをどう解釈してもいいのですが、ここでは、

「$\cdots$ の部分はどうなっているのですか?」

という質問に対して、

「それはこうなっているのです」

と説明できること、という意味に解釈しましょう。

　もう少し具体的にいうと、

「この $\cdots$ の先頭から数えて n 番目はどんな数ですか？」

という質問に具体的に答えられ、逆に、

「数 x は先頭から数えて何番目に並んでいますか？」

という質問にも答えられることとします。

　さて、このとき自然数の外延的記法、

$$\{1, 2, 3, \cdots, n, \cdots\}$$

が、この要求に応えられるのは明らかです。すなわち、先頭から数えて 506 番目には数 506 が並んでいるし、数 2024 は先頭から数えて 2024 番目に並んでいます。一方、実数の集合を、

$$\left\{0, 1, \frac{3}{4}, \sqrt{3}, \pi, -1, \sqrt[3]{5}, \cdots\right\}$$

と書いてみても、上の要求に応えることはできません。数 $\sqrt{5} + \sqrt{3}$ が何番目に並んでいるのかは分からないし、23 番目にどんな数が並んでいるのかも分かりません。

　これで、自然数の集合と実数の集合の違いが少し分かって
きたのではないでしょうか。では、他の無限集合はどんな具
合でしょう。たとえば、整数の集合、

$$\{\cdots, -2, -1, 0, 1, 2, 3, \cdots\}$$

を考えてみましょう。

　この場合も、われわれは省略された $\cdots$ の部分を想像す
ることができます。しかし、上のような説明要求に対しては少
し困ります。すなわち、23 が何番目に並んでいるかという問
いに答えられないし、13 番目の数は何か？　といわれても、
やはり答えられません。そもそも上のような並べ方をしてし
まうと先頭の数がないのだから、先頭から何番目ということ
が意味を持ちません！

　では、整数の集合も自然数の集合とは性格が異なる集合な
のでしょうか。じつはそうではありません。それは整数の集
合に対しては、次のような並べ方ができるからです。

$$\{0, 1, -1, 2, -2, 3, -3, \cdots\}$$

　この並べ方に対しては、われわれは説明責任をとることが
できます。すなわち、先頭から数えて 23 番目の数は何か？
といわれたら、それは -11 ですと答えられるし、13 は先頭
から数えて 26 番目に並んでいる、と答えられます。もちろ
ん一般論として答えることも難しくありません。

[例題]　前出のような整数の並べ方に対して、先頭から n 番
目の整数を求めよ。また、整数 m は先頭から何番目に並ん
でいるか。

［解］　このような場合、数学的帰納法で証明するのが普通だが、並べ方の規則さえ分かってしまえば帰納法を使わなくても納得できるので、ここではその方法をとる。

調べてみるとすぐ分かるが、正の整数は 2 番目、4 番目、6 番目という具合に並んでいる。したがって、n が偶数で $n = 2k$ なら n 番目には正の整数 k が並んでいる。また、n が奇数で $n = 2k + 1$ なら n 番目には負の整数 $-k$ が並んでいる。ただし、1 番目は 0。

また、整数 m は m が正の整数なら $2m$ 番目に、負の整数なら $2|m| + 1$ 番目に並んでいる。さらに、0 が先頭に並んでいるのは最初から明らか。　　　　　　　　　　　　［終］

では、さらに別の集合について考えてみましょう。正の分数の集合、

$$\left\{ \frac{n}{m} \mid n, m \text{ は正の整数} \right\}$$

を考えます。ただし、ここでは技術的な難しさをさけるため、約分はしないものとし、$\frac{1}{2}$ と $\frac{2}{4}$ は別々に考え、さらに整数もすべて分数の形で、$\frac{15}{1}$ とか、$\frac{12}{6}$ と表すことにします。

さて、この分数の集合を外延的記法で書けるのでしょうか。すなわち、分数を一列に並べて（無限個だから当然並べきれない！　どうしても ··· を使わざるを得ない）、··· の部分の説明責任を負うことができるのでしょうか。

これは整数の集合のときと比べても格段に難しそうです。なぜかというと、整数の場合には両側に無限に延びているとはいえ隣り合う整数を指定できました。つまり、数の自然な大小関係にしたがって、-2 の次は -1、23 の次は 24、とい

う具合です。さきほどの整数の並べ方も基本的にはこの順序
をうまく利用しています。

　しかし、分数となると隣り合う分数を指定することはでき
ないように思えます。すなわち、$\frac{1}{2}$ の次の分数とは何でしょ
うか？　あるいは、$\frac{56}{2001}$ の一つ手前の分数とは何でしょう
か？　こう考えると、分数を外延的記法で記述したとして、
その・・・の部分に説明責任を負うことはできそうにないと思
われます。

　ところが、じつはそうではありません。われわれは大変巧
みな方法によって、分数の集合を外延的記法で書くことがで
きるのです。

　次の列をみてください。

$$\frac{1}{1}, \frac{1}{2}, \frac{2}{1}, \frac{1}{3}, \frac{2}{2}, \frac{3}{1}, \cdots$$

　この列はある規則にしたがって分数を並べたものです。ど
のような規則でしょうか。このままでは分かりにくいかもし
れないので、次のように括弧を入れてみましょう。

$$\left(\frac{1}{1}\right), \left(\frac{1}{2}, \frac{2}{1}\right), \left(\frac{1}{3}, \frac{2}{2}, \frac{3}{1}\right), \cdots$$

　これは昔懐かしい数列の問題です！　ようするにこれらの
分数は分子と分母の数の和が一定となるグループを一つにま
とめ、その和の小さい順にグループを並べたものなのです。
また、各グループの中は小さいものから順に並んでいます。

　このやり方でわれわれはすべての（形式的な）分数を一定
の規則にしたがって並べることができます。すなわち、先ほ
どのような問いかけに対しては、次のように答えることがで

きるのです。

[問い] 26 番目に並んでいる分数は何ですか。

[答え] $1 + 2 + \cdots + 6 = 21$ だから、26 番目の分数は第 7 グループの 5 番目の数。第 7 グループは $\frac{1}{7}$ から始まるので、その 5 番目の数は $\frac{5}{3}$ です。

[問い] では、分数 $\frac{56}{2001}$ は何番目に並んでいますか。

[答え] この分数の分子と分母の数の和は 2057 だから、この分数は、第 2056 グループに入り、その先頭から数えて 56 番目の数となります。

第 2055 グループまでには、$1 + 2 + 3 + \cdots + 2055 = 2112540$ の数が並んでいるから、$\frac{56}{2001}$ は 2112596 番目の分数です。

結局、このようにして、すべての正の分数も一列に並べることができ、拡張された外延的記法で正の分数の全体がつくる集合を記述できるのです。

数の濃さ？

ところで、上に説明した整数や正の分数の並べ方を分析してみれば、それはその集合の元に通し番号をつけることにほかなりません。そして、ある集合の元に通し番号をつけるということを数学的にいい換えると、「その集合の元と自然数の集合との間に 1 対 1 の対応がつく」となります。

以上の分析をふまえて、次の定義をします。

> **[定義]**　二つの集合 A, B について $f : A \to B$ という全単射（1 対 1 対応）がつくれるとき、この二つの集合は「同等」（または「対等」）である、あるいは、同じ「基数」（cardinal number）を持つという。基数のことを「濃度」（power）ともいう。
>
> 　　集合 A の基数を $|A|$ で表す。

　濃度という用語は、無限集合の元の個数をうまく表している用語で、数えられないものの「個数」を、「濃い」「薄い」という感覚的に分かりやすい表現で表しています。しかし、ここでは拡張解釈された数だという方を重視して「基数」という用語を用いることにします。また、とくに自然数の集合と同じ基数を持つ集合、すなわち自然数の集合と 1 対 1 の対応がつく集合を「可算集合」（あるいは「可付番集合」）といい、この集合は可算であるともいいます。

　さらに、この基数のことを「可算基数」と呼び、記号

$$\aleph_0$$

で表します。この記号はアレフ・ゼロと読みます。アレフはヘブライ語の「A」にあたる文字です。

　基数という概念は最初少し分かりにくいかもしれません。それは、基数そのものが定義されたわけではなく、同じ基数を持つという概念が定義されているだけだからです。つまり、基数とは同等な集合に共通に貼りつけられたラベルだと考えられます。

　ここで大切なのは、われわれは集合の元の「個数」そのも

のを問題にしているのではなく、集合の元の「個数が等しいかどうか」を問題にしているということです。ここには現代数学の一つの性格が明確に現れています。それは個数そのものという実体（モノ）ではなく、個数が等しいという関係（コト）が大切だということです。

無限を数える

もう一つ、この集合の「同等」という概念は、いわばもっとも素朴な意味での集合の「合同概念」だということを押さえておきましょう。実際、同等が合同と同じ次の性質を持つことは明らかです。

[定理]　集合の同等について次が成り立つ。

（1）　A は自分自身と同等である。
（2）　A と B が同等なら B と A は同等である。
（3）　A と B が同等で B と C が同等なら A と C は同等である。

すなわち、同等とは基数（個数）だけに着目した集合の合同概念であるといってよいでしょう。

有限集合の場合は、同じ個数の元を持つ集合同士が同等という関係にあり、その基数を集合の元の個数が n のとき n と書きます。これは、n 個の元を持つ集合は必ず集合 $\{1, 2, 3, \cdots, n\}$ と同等になることに基づいています。平たくいえば、集合の元の個数を数えたことにあたります。した

がって、基数とは集合を、元の個数を「数える」という行為を通してみた概念である、と考えればいいでしょう。

この有限集合の元の個数の考えを無限集合に拡張したものが基数で、基数 $\aleph_0$ は「自然数全体を使って集合の元の個数を数えた」ことにほかなりません。

結局、整数の集合や正の分数の集合は自然数と同じ「個数」だけの元を持っています。整数や分数の場合は初めてなので具体的に「数える」という行為を外延的記法とからめて数式化しましたが、これからは具体的に 1 対 1 対応が数式化されなくても、1 対 1 対応があることが確認できれば同等であることが確認されたとします。

基数の大小関係

さらに有限集合のときと同様に考えて、基数の大小を次のように定めます。

[定義]　二つの集合 X, Y に対してその基数 $|X|$, $|Y|$ の大小関係を次で決める。

(1)　$f : X \rightarrow Y$ という単射があるとき $|X| \leqq |Y|$

(2)　$|X| \leqq |Y|$ かつ $|X| \neq |Y|$ のとき $|X| < |Y|$

有限集合に対しては、上の関係が成立します。そこで、無限集合に対しては、逆にこれを大小関係の定義とします。

X から Y への単射 $f : X \rightarrow Y$ があるとき、X と $f(X)$ が同等であることは明らかなので、上の定義は次のようにい

い換えられます。

Y は X と同等な部分集合を含むが、X と同等ではないとき、$|X| < |Y|$ である。

　さて、いままでに同等であることが分かった集合について、定理の形にまとめておきます。

　［定理］　自然数の集合の基数を $\aleph_0$ とする。このとき次が成り立つ。

　（1）　整数の集合の基数は $\aleph_0$ である。
　（2）　分数の集合の基数は $\aleph_0$ である。

　（2）については、われわれはまだ正の分数の集合についてだけしか証明をしていませんが、これは整数の場合と同様に、正の分数の集合に通し番号をつけたものを

$$\{a_1,\ a_2,\ a_3,\ \cdots\}$$

としたとき、正、負、0 の分数の全体を、次の形に並べて通し番号をつければよいのです。

$$\{0,\ a_1,\ -a_1,\ a_2,\ -a_2,\ a_3,\ -a_3,\ \cdots\}$$

　以上の考察からただちに、次のような集合の基数はすべて $\aleph_0$ です。

> **［定理］**　次の集合の基数はすべて $\aleph_0$ である。
>
> 　偶数の集合　　　奇数の集合　　　素数の集合

　素朴に考えると、自然数の集合の半分が偶数の集合だから（実際半分ともいえる）、その基数は $\aleph_0$ より小さいような気がします。しかし、無限については「半分」ということが意味を持ちません。実際、自然数の集合から何億個の（どんなに多くても有限個の）数を取り去ったとしても、自然数の集合は全体として少しも減りません。それどころか、自然数の集合からすべての偶数を取り去っても残りはやはり $\aleph_0$ 個であって、少しも減っていないのです。これには次のコラムのような有名なお話があります。

ホテル・カントール

　ここはマテマ・リゾート最大の高級ホテル「ホテル・カントール」である。風光明媚なこのリゾートは、最近とみに若者の人気が増している。ところで、このホテルの売りはその豪華な設備もさることながら、どんなに混んでいるときでも宿泊者を断ったことがないということだ。

　このホテルには $\aleph_0$ 室の客室があるが、あいにくこの日は、近くの大学でフェルマーの最終定理についての講演会があるということで、どのホテルも超満員、客室は残念ながらすべてふさがっていた。

　そこへ宇宙ステーションから 1000 人の団体が到着した！　さあ、どうしよう。しかし支配人ヒルベルトは少しも驚かない。

「お客様にご案内申し上げます。大変にお手数ですが、いまからご連絡するようにお部屋を変わっていただきますようお願い申し上げます。1 号室の方は 1001 号室へ、2 号室の方は 1002 号室へ、以下同じように n 号室の方は 1000+n 号室へとお移りください」

　かくして、1 号室から 1000 号室までは空室となり、ステーションからの 1000 人の団体客は無事宿泊できた。

　ところが、今日はどうしたことか、その後イーハトーブ星から $\aleph_0$ 人の団体客がやってきたのである！　しかし、ヒルベルト支配人は相変わらず悠然（ゆうぜん）としている。

「お客様にご案内申し上げます。大変にお手数ですが、いまからご連絡するようにお部屋を変わっていただきますようお願い申し上げます。1号室の方は2号室へ、2号室の方は4号室へ、以下同じようにn号室の方は$2n$号室へとお移りください」

　かくして奇数番号の部屋はすべて空室となり、イーハトーブ星からの$\aleph_0$人の団体客は無事宿泊できたのである。

　この様子をみていたフロント係のラッセル君は面白いことを思いついた。

「ヒルベルト支配人、いっそこのホテルはどのホテルにも宿泊を断られたお客様だけをお泊めするということにしてはどうでしょうか」

「なるほど、それはこのホテルの売りになるかもしれない。では、当ホテル・カントールは、どのホテルにも泊まれなかった人だけを泊めるホテルにしよう」

　しかし、これが後で大問題になるとはだれも気がつかなかった。

　それはさておき、今夜はホテル・カントールのダンスパーティである。さしもの大広間も宿泊客でいっぱいだ。みると、すべての宿泊客がお互いにパートナーをみつけて楽しそうに踊っている。シャルウィダンス？　ヒルベルト支配人は満足そうだ。

「今夜も、男性客、女性客、皆様がそれぞれパートナーをみつけることができたようだ。ということは今夜の泊まり客も男性、女性同数だったらしいな」

　かくして、後に起きる大問題も知らずにダンスパーティ

　さて、ここまできて少しずつ無限集合の様子が分かってきたのではないでしょうか。われわれがその様子を直感的に理解できる無限集合として、どうやらその無限個の元を列挙できる集合があるのです。実際、実数の集合の元を外延的記法で列挙しようとしても無理なようです。

　では、実際に実数は列挙できないのでしょうか。もちろんそのことは証明を要する事柄です。そして、それについてカントールが天才的なアイデアで考案した証明方法が有名な「対角線論法」でした。しかし、ここでは対角線論法を説明する前に、もう少し別の集合について、その基数が $\aleph_0$ であることを確かめてみましょう。

ヒルベルト（1862〜1943）　19世紀末から20世紀初頭にかけての最強の数学者。集合論のパラドックスに端を発した数学の危機を救おうと、無矛盾な公理系の確立に尽力した。1900年、パリ国際数学者会議で彼が示した「数学の23の問題」、いわゆるヒルベルトの問題は有名である。

3.3　代数的数と超越数

e と π は超越数である

　カントール（G. Cantor 1845〜1918）が集合論を発表した 19 世紀末は、古典的な数学と現代数学とがせめぎ合っていた時代でした。カントールの関心は三角級数に向かっていたようですが、じつは 19 世紀末までに決着がついていた大問題に「特別な数の超越性の問題」がありました。これは円周率 π と自然対数の底 e についての問題です。

　われわれは、ある種の数が代数方程式の解として得られることを知っています。たとえば、分数 $\dfrac{b}{a}$ は方程式 $ax = b$ の解として得られるし、無理数 $\sqrt{2}$ は方程式 $x^2 = 2$ の解として得られます。

　このことをふまえたうえで、次のように定義します。

> **[定義]**　有理数を係数とする代数方程式の解となる数を「代数的数」といい、そのうちとくに無理数となるものを「代数的無理数」という。また、代数的数でない数、すなわち有理数を係数とする代数方程式の解とならない数を「超越数」という。

　上の例でいうと、分数はすべて代数的数だし、$\sqrt{2}$ も代数的数となります。感覚を摑むために、例を挙げて考えてみましょう。

[例題]　$\sqrt{2} + \sqrt{3}$ は代数的数であることを示せ。

[解] $x = \sqrt{2} + \sqrt{3}$ とおく。両辺を 2 乗すると、

$$x^2 = 2 + 2\sqrt{6} + 3$$

したがって、$2\sqrt{6} = x^2 - 5$ となり、もう一度両辺を 2 乗して、

$$24 = x^4 - 10x^2 + 25$$

よって、x は有理数係数の 4 次方程式

$$x^4 - 10x^2 + 1 = 0$$

の解となるので代数的数である。　　　　　　　　　　　　[終]

　同様に考えると、根号と四則（加減乗除）を使って表せる数はすべて代数的数となることが分かります。

　ただ、π や e は代数的数にならないだろうと予想されていました。すなわち π や e を解に持つ有理数係数の代数方程式は存在しないだろうということです。これは大変な難問でしたが、e については 1873 年にエルミートにより証明され、π の超越性の証明は 1882 年にリンデマンによって成し遂げられました。

　[定理]　π と e は超越数である。

　上の定理の証明は本書では割愛します。興味がある読者は『円の数学』（小林昭七、裳華房）を参照してください。

　ところで、これ以外に超越数があるでしょうか。これは大

118

変に興味ある問題です。もちろん、これ以外にも超越数は存在するのですが、その証明はじつはかなり難しい。たとえば、$2^{\sqrt{2}}$ が超越数であることが証明されたのは 1930 年代になってからですし、$\pi + e$ の超越性は現在でも証明されていません。あるいは π や e と同じように個性のある数としてオイラーの定数 γ という数が知られています。これは、

$$\gamma = \lim_{n \to \infty} \left(1 + \frac{1}{2} + \frac{1}{3} + \cdots + \frac{1}{n} - \log n \right)$$

で決まる定数で、この式は収束して $\gamma = 0.5772156\cdots$ となることが知られています。この γ は超越数であろうと予想されていますが、残念ながら γ が無理数になるかどうかも分かっていません。

カントールの下した驚くべき結論

　ところが、カントールは集合論という新しい数学を武器にして、この超越数の存在という問題に対して奇妙な結論を出しました。

　それを説明する前に、まず代数的数の集合について調べておきましょう。

　分数の集合の基数が $\aleph_0$ であることは前に述べました。ところで代数的数は無理数を含んでいるので、分数に比べてもたくさんあるようにみえます。ところが、カントールは代数的数も $\aleph_0$ 個しかないことを証明したのです。

> **[定理]** 代数的数の集合を A とすると、$|A| = \aleph_0$ である。

[証明] 有理数係数の代数方程式は、その係数の分母の最小公倍数を全体にかけておけば、係数がすべて整数であるとしてよく、また最高次数の項の係数は正であるとしてもかまわない。そこで方程式を、

$$f(x) = a_n x^n + a_{n-1} x^{n-1} + \cdots + a_1 x + a_0 = 0$$

とし、係数 $a_n, a_{n-1}, \cdots, a_1, a_0$ はすべて整数、かつ共約数を持たないとする。

まず、方程式 $f(x) = 0$ の「高さ」を次の式で定義する。

$f(x) = 0$ の高さ：

$$n + |a_n| + |a_{n-1}| + |a_{n-2}| + \cdots + |a_1| + |a_0|$$

このように定義された方程式の高さを $h(f)$ と書く。高さは正の整数である。

このとき、ある高さを持つ方程式は有限個しかない。すなわち、

高さ $0, 1$ の方程式は、存在しない

高さ 2 の方程式は、$x = 0$ だけである

高さ 3 の方程式は、$x + 1 = 0, x - 1 = 0, 2x = 0,$
　　$x^2 = 0$ の 4 通り

高さ 4 の方程式は、$x + 2 = 0, x - 2 = 0,$

$$2x + 1 = 0, 2x - 1 = 0, 3x = 0, x^2 + 1 = 0,$$

$$x^2 - 1 = 0, 2x^2 = 0, x^2 + x = 0, x^2 - x = 0,$$

$$x^3 = 0 \text{ の } 11 \text{ 通り}$$

など。

ところが、n 次方程式は n 個の解しか持たないから、ある一定の高さの方程式の解となる代数的数は有限個しかない。そこで、それらの解を、高さの低い方程式の解から順に、大小の順に並べると、代数的数に通し番号をつけることができる。

よって、代数的数の全体は可算である。 ［証明終］

上の高さ 4 までの例では、

$$0, \, -1, \, 1, \, -2, \, -\frac{1}{2}, \, \frac{1}{2}, \, 2$$

となります（複素数も代数的数の仲間に入れていいのですが、ここでは実数の代数的数だけを扱います）。実際に、例を挙げながらみていきましょう。

［例題］ 次の数は、高さいくつの方程式の解となっているか。

$$x = \frac{1 + \sqrt{5}}{2}$$

［解］ $2x = 1 + \sqrt{5}$ より、$2x - 1 = \sqrt{5}$。

この両辺を 2 乗して整理すると、

$$x^2 - x - 1 = 0$$

したがって、この数は高さ 5 の方程式の解。 ［終］

これで、われわれは代数的数というかなり大きな集合と思われたものも、可算集合であることを知りました。次の節ではいよいよ、実数の集合の基数について考えてみましょう。

3.4 実数の基数と対角線論法

ガリレイのいう無限

いままでにいくつかの数の集合について考えてきました。そこでもっとも基本になったものは、自然数の集合でした。

この自然数の集合の元に通し番号がつくのは最初から明らか（！）なので、この集合を物差しにして、他の集合の「元の多さ」を測ってみようというのが、カントールのアイデアでした。また、その測る方法が「1 対 1 対応」です。

ところが、この 1 対 1 対応という計測方法で他の集合を測ってみると、どうも、整数の集合も、分数の集合も、偶数の集合も、驚くべきことに代数的数という無理数を含んだ集合さえも、全部自然数の集合と 1 対 1 の対応がつき、その基数はすべて $\aleph_0$ になってしまいました。無限集合の場合は、部分（たとえば偶数の全体）は全体（たとえば自然数の全体）より少ないということが成り立たないのです。

このことはカントールより以前に、ガリレオ・ガリレイが指摘していました。ガリレイは、著書『新科学対話』の中で自然数の数列と平方数の数列についてふれ、サルヴィヤチに次のように語らせています。

「もし更に私が平方数は幾つあるか、と質問したとすれば、貴方は、それに対応した根の数だけあると答えるでしょう？

ガリレオ・ガリレイ
（1564〜1642）

正にその通りです。どの平方数も自分の根を持ち、どの根も自分の平方数をもち、且つ一つ以上の根を持っている平方数はなく、一つ以上の平方数を持っている根はないからです。（中略）如何なる数もある平方数の根と考えられるから、それは数の全体と同じだけ、と言わざるを得ません。（中略）「等しい」「多い」「少ない」という属性はただ有限量にのみあって、無限量にはない、としか言い得ません。」（今野武雄・日田節次 訳、岩波文庫）

　ここで、ガリレイは上のような考察から無限の「個数」を比較することをやめてしまったのですが、彼がもう少し踏み込んで無限の研究をしていたら、ガリレイが基数の発見者になったかもしれません。

　ところで、もしも、無限集合の基数がすべて $\aleph_0$ になるなら、それはそれで話はすっきりして、ようするに無限とは基数が $\aleph_0$ ということのいい換えになるでしょう。しかし、外延的記述を無限集合に援用して考察してみて分かったことは、どうやら、実数の集合は自然数や偶数の集合とは違った性質を持っているらしい、ということでした。

　では、その違いをどのようにして、明確に表現したらいいのでしょうか。ここに、カントールの対角線論法の意義があ

るのです。

実数の基数は $\aleph_0$ ではない

どうも、実数の集合と自然数の集合とは違った性質を持っているようです。それを考えるにはじつは背理法しかありません。これは初めから明確だったような気もします。すなわち、無限という怪物を相手にして、それを直接攻撃する方法はないに等しいので、からめ手から攻めるほかないだろう、ということです。「二つの無限の間に違いがないとすると、どうしても矛盾してしまう。だから違いがある」というしかない。これが、この場合の背理法です。そしてカントールは、その背理法を実行しました。

> **[定理]** 実数の集合の基数は $\aleph_0$ ではない。

[証明] 実数の集合からその一部分 $(0,1) = \{x \mid 0 < x < 1\}$ をとる（これを「開区間」といいます）。この中に入る実数について通し番号が打てないことを示す。

一つ約束を置く。この中の実数はすべて無限小数で表現しておくとし、その表現は普通の有限小数については最後の桁を 9 の循環小数にするとする。すなわち、

$$0.123 = 0.1229999\cdots$$

という表現を使う。

さて、この開区間のすべての実数に対して通し番号が打てたとしよう。すなわち、この開区間の実数は $\{\alpha_1,\ \alpha_2,\ \alpha_3,\ \cdots\}$

と並べることができる。ここで各 α_i は無限小数で表現されるので、次の表のようになる。

$$\alpha_1 = 0.a_{11}a_{12}a_{13}a_{14}\cdots$$
$$\alpha_2 = 0.a_{21}a_{22}a_{23}a_{24}\cdots$$
$$\alpha_3 = 0.a_{31}a_{32}a_{33}a_{34}\cdots$$
$$\alpha_4 = 0.a_{41}a_{42}a_{43}a_{44}\cdots$$
$$\vdots$$

ここで開区間 $(0, 1)$ に入る次のような実数 α を考える。

上の表の対角線 $a_{11}, a_{22}, a_{33}, \cdots$ に着目して数 $a_1, a_2, a_3, \cdots$ を

$$a_1 \neq a_{11},\ a_2 \neq a_{22}, \cdots, a_i \neq a_{ii}, \cdots$$

かつ

$$a_i \neq 9, 0$$

のように決め、数 α を、

$$\alpha = 0.a_1a_2a_3\cdots$$

とする（最後の条件は $\alpha = 0.9999\cdots$ や $\alpha = 0.0000\cdots$ となってしまうことを避けるためです）。

$0 < \alpha < 1$ は明らかだから、α はたしかに区間 $(0, 1)$ に入る。

さて、α はこの表の何番目に現れるだろうか。

じつは、α はこの表には現れない。

なぜかというと、もし α がこの表の n 番目に現れたとすると、$\alpha = \alpha_n$ となるが、α と α_n は小数点以下第 n 桁目が違っている（そうなるように数 a_n を決めたのでした）。

したがって $\alpha \neq \alpha_n$ となり、α はこの表には現れない。

これは $(0, 1)$ に入るすべての実数に通し番号が打てたことに矛盾する。つまり、通し番号が打てるという仮定が誤りである。

よって、$(0, 1)$ 内の実数に通し番号を打つことはできない。

$(0, 1)$ の元に通し番号を打つことができない以上、実数全体に通し番号を打つこともできない。　　　　　　　[証明終]

以上が、カントールによる対角線論法です。じつに巧みな証明で、数学におけるエレガントな証明の代表例ではないかと思われます。

この対角線論法は、次のように簡略化してもその有効性を失いません。

[例題]　数字 0 と 1 だけからできている無限数列の全体がつくる集合を X とする。このとき、X は可算集合とならないことを証明せよ。

[解]　X に入る数列は $0, 0, 1, 1, 0, 1, 0, 1, 0, 0, \cdots$ のように表される。このような数列の全体に通し番号が打てたとする。したがって、X の元を α_n と書けば、たとえば、

$$\alpha_1 = \{0, 1, 1, 0, 1, 0, 1, \cdots\}$$
$$\alpha_2 = \{0, 0, 0, 0, 1, 1, 1, \cdots\}$$

$$\alpha_3 = \{1, 0, 1, 0, 1, 0, 0, \cdots\}$$
$$\alpha_4 = \{1, 1, 1, 1, 1, 1, 1, \cdots\}$$
$$\vdots$$

のように並んでいる。

　ここで、新しい数列 α を次のように決める。

$$\alpha = \{1, 1, 0, 0, \cdots\}$$

　すなわち、数列 α の第 n 項を数列 α_n の第 n 項が 0 だったら 1、1 だったら 0 と決め、対角線のところでわざと違う数字を選ぶようにする。この数列は上の一覧表には含まれない。

　よって、X の元に通し番号を打つことはできない。　[終]

　じつは、このような数列は実数の基数と同じだけあることが分かりますが、それには次節のベルンシュタインの定理を使うため、そこで説明します。

連続体の基数

　ところで、自然数の集合は実数の集合の中にごく自然に含まれています。したがって、$|N| \leqq |R|$ です（ここで、N は自然数、R は実数の集合です）。よって、上の定理（$|N| \neq |R|$）から次が成り立つことが分かります。

　実数の基数を $\aleph$ と書きます。

[定理] 実数の集合 R の基数 $\aleph$ について、

$$\aleph_0 < \aleph$$

ここで、実数の基数 $\aleph$ を「連続体の基数」あるいは「連続体の濃度」といいます。

これは様々な意味で驚嘆すべき結果でした。無限に大小関係があるということ自体、古典的な数学では思いもよらないことだったに違いありません。

無限はどんな有限より大きいという意味しか持っていなかったのだから、無限の間に大小関係があること自体が驚異的なことでした。

さらに、この定理からは、実数と超越数の関係について不思議な結論が得られます。そのために、次の定理を証明しておきましょう。

[定理] 集合 A, B がともに可算集合ならその和集合 $A \cup B$ も可算集合である。さらに一般に、$A_1, A_2, A_3,$ $\cdots$ がすべて可算集合のとき、その和集合

$$\bigcup_{n=1}^{\infty} A_n$$

も可算集合である。

[証明] 一般の場合を証明する。

$A_1, A_2, A_3, \cdots$ はすべて可算集合だから、それらの元に

通し番号をつけることができる。それを

$$A_1 = \{a_{11}, a_{12}, a_{13}, a_{14}, \cdots\}$$
$$A_2 = \{a_{21}, a_{22}, a_{23}, a_{24}, \cdots\}$$
$$A_3 = \{a_{31}, a_{32}, a_{33}, a_{34}, \cdots\}$$
$$A_4 = \{a_{41}, a_{42}, a_{43}, a_{44}, \cdots\}$$
$$\vdots$$

とする。

　ここで、これらの和集合の元に次のように左上隅から斜めに元を拾って通し番号をつける。ただし、ここでは同じ元が出てきたときは飛ばすことにする。

$$a_{11}, a_{12}, a_{13}, a_{14}, \cdots$$

$$a_{21}, a_{22}, a_{23}, a_{24}, \cdots$$

$$a_{31}, a_{32}, a_{33}, a_{34}, \cdots$$

$$a_{41}, a_{42}, a_{43}, a_{44}, \cdots$$

$$\vdots$$

すなわち、

$$a_{11}, a_{12}, a_{21}, a_{13}, a_{22}, a_{31}, a_{14}, a_{23}, a_{32}, a_{41}, \cdots$$

したがって、和集合 $\bigcup_{n=1}^{\infty} A_n$ は可算集合。　　　　　　［証明終］

　普通に通し番号をつけると、集合 A_1 だけで番号が終わってしまいますが、この番号のつけ方のうまいところは、斜めに表を掃いていくことで、すべての元に通し番号をつけるところにあります。

　興味のある方は、前に正の分数に通し番号をつけたときの方法が、これと本質的に同一であることを確かめてください。

　したがって、可算集合を可算個集めても全体としては基数は大きくなりません。

　これでカントールの結果を説明する準備ができました。

実数は、ほとんどすべて超越数である

［定理］　超越数の集合の基数は可算基数より大きい。

［証明］　実数の集合 R は、代数的数の集合 A と超越数の集合 T の和集合である。ここで超越数の集合が可算集合だとすると、代数的数の集合が可算集合であることはすでに証明したので、実数の集合も可算集合となり、先ほどの定理に反する。

　よって、超越数の集合は可算集合ではない。ここで、$\aleph_0 \leqq |T|$ だから $\aleph_0 < |T|$ である。　　　　　　［証明終］

　この結果は何を意味しているのでしょうか。これは簡単にいうと、

「実数はほとんどすべて超越数である」
と言い換えることができます。

　われわれは、たしかにいくつかの超越数を知っています。
たとえば、円周率 π や自然対数の底 e などです。しかし、わ
れわれが具体的に知っている超越数は「数える」ほどしかあ
りません。実際、前述のオイラーの定数 γ なども超越数か
どうか分かっていません。

　ところが上の定理によれば、超越数は代数的数とは比較に
ならないくらいたくさんあります。皆さんが数直線上に勝手
に印をつけると、つけた印を表す数は、まず確実に超越数な
のです。

　このようにして、カントールは古典数学では思いも寄らな
かった手法で超越数の存在証明を果たしたのでした。しかし、
ここでもう一度、具体的に超越数を指定できていないことに
は十分に注意を払っておいてください。

　われわれは実数という「不思議な集合」の正体について、
一定の成果をあげることができました。それでも実数はまだ
そのほんとうの姿をわれわれにみせてくれてはいないのです。

　さて、ここでもう一度、マテマ・リゾートのホテル・カン
トールをのぞいてみましょう……。

ヒルベルト支配人の憂鬱

そのころ、ホテル・カントールではヒルベルト支配人が憂鬱そうな顔をしていた。

いままでどんな混雑期にも宿泊客を断ったことがないのがこのホテルの自慢だったが、どうもその伝統が破られそうなのだ。今日もホテルは満員、しかしどんなに大勢の宿泊客が来てもいつものように宿泊してもらえると、支配人は自信満々だったのである。

ところが、今日はハイパー・トランセンデンタル星からちょっと想像がつかないくらいのお客様が到着したのだ。なにやら「超越観光団」というそうだ。

さて、いつものように部屋を空けようとした支配人は、どうやりくりしてもどうしても部屋に入れない客が出てしまうことに気がついた。全員の客に通し番号をつけてもらおうとしたが、それは不可能だったのである。

「少し面倒なことになったぞ。ホテルの信用に傷がつかないといいが」と支配人は少し思案顔になった。

ところが、それに追い打ちをかけるように、フロント係のラッセル君がおかしなことに気がついたのだった。

「支配人、このホテルにはどのホテルにも泊まれないお客だけを泊めることにしたんですよね」

「うん、そうだが、それに何か問題でもあるのかな?」

「どのホテルにも泊まれない人がこのホテルに泊まってい

る。とするとそのお客様はこのホテルに泊まれるのだか
ら、どのホテルにも泊まれない人ではないことになりま
す。あるホテルに泊まれる人は、当ホテルでは宿泊をお断
りしているんじゃなかったですか?」

　ヒルベルト支配人は思わず絶句して、ラッセル君の論理
を反芻してみた。

　どこにも間違いはなさそうだ。

　結局、ホテルを増改築するほかないらしい、支配人はそ
う考え始めていた。

3.5　ベルンシュタインの定理

無限の魔術

　さて、ここで集合の基数を比較するのに基本となる定理の
一つを証明しておきましょう。集合の計算のところで、次の
結果を証明しました。

$$X \subset Y \quad \text{かつ} \quad Y \subset X \Rightarrow X = Y$$

　当然、$|X| = |Y|$ です。この定理で X は Y の部分集合と
いう関係を、X は Y の部分集合と同等という関係に置き換
えても、等式 $|X| = |Y|$ が成り立つのではないでしょうか。
これが「ベルンシュタインの定理」です。すなわち、

　X は Y のある部分集合と同等、逆に Y は X のある部分
集合と同等なら X と Y は同等になるのではないか、という

ことです。この事実は成り立ちます。それを示すために補助
定理を一つ証明しましょう。

[補助定理]　3 個の集合 X, Y, Z について

　　$X \subset Y \subset Z$ かつ X と Z が同等

　　　$\Rightarrow X, Y, Z$ はすべて同等

が成り立つ。

[証明]　まず、Z を 3 個の共通部分を持たない集合 A, B, C

$$A = X,\ B = Y - X,\ C = Z - Y$$

に分ける（図 3.3）。

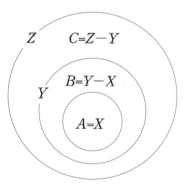

図 3.3　集合 A, B, C

$$Z = A \cup B \cup C$$

Z, X が同等だから、$f : Z \to X$ という全単射（1 対 1 対
応）が存在する。よって、

$$f(Z) = X = f(A \cup B \cup C) = f(A) \cup f(B) \cup f(C)$$

ここで、$f(A) = A_1$, $f(B) = B_1$, $f(C) = C_1$ とおけば、

$$X = A_1 \cup B_1 \cup C_1$$

かつ A_1, B_1, C_1 はどの二つも共通部分を持たない。

　ここで全単射 f を集合 $X(= A)$ に制限して考えると、f は $f : X \to f(X)$ という全単射とみなせる。よって、

$$f(X) = f(A_1 \cup B_1 \cup C_1) = f(A_1) \cup f(B_1) \cup f(C_1)$$

ここで、$f(A_1) = A_2$, $f(B_1) = B_2$, $f(C_1) = C_2$ とおけば、

$$f(X) = A_2 \cup B_2 \cup C_2$$

かつ A_2, B_2, C_2 はどの二つも共通部分を持たない。

　さらに、ここで全単射 f を集合 $f(X)$ に制限して考えると、f は、

$$f : f(X) \to f(f(X))$$

という全単射とみなせる。簡単のため、$f(f(X))$ を $f^2(X)$ で表すことにする。

　よって、

$$f^2(X) = f(A_2 \cup B_2 \cup C_2) = f(A_2) \cup f(B_2) \cup f(C_2)$$

ここで、$f(A_2) = A_3$, $f(B_2) = B_3$, $f(C_2) = C_3$ とおけば、

$$f^2(X) = A_3 \cup B_3 \cup C_3$$

かつ A_3, B_3, C_3 はどの二つも共通部分を持たない。

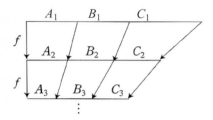

図 **3.4**
写像 f の繰り返し

以下この操作を繰り返すと、

$$Z = A \cup B \cup C$$
$$X = A = A_1 \cup B_1 \cup C_1$$
$$f(X) = A_1 = A_2 \cup B_2 \cup C_2$$
$$f^2(X) = A_2 = A_3 \cup B_3 \cup C_3$$
$$\vdots$$
$$f^n(X) = A_n = A_{n+1} \cup B_{n+1} \cup C_{n+1}$$
$$\vdots$$

となり、各集合 $Z, X, f(X), f^2(X), \cdots, f^n(X), \cdots$ において、それらを構成する三つの集合は互いに共通部分を持たない。ここで、

$$\bigcap_{n=1}^{\infty} A_n = D$$

とおくと、A は D と、A での D の補集合の和集合だから、

$$X = A = D \cup (A - D),$$
$$Y = A \cup B = D \cup (A - D) \cup B$$

さらに、

$$A \supset A_1 \supset A_2 \supset A_3 \supset \cdots$$

に注意すると、A での D の補集合について、

$$A - D = (A - A_1) \cup (A_1 - A_2) \cup (A_2 - A_3) \cup \cdots$$

であり、かつ

$$A - A_1 = B_1 \cup C_1$$
$$A_1 - A_2 = B_2 \cup C_2$$
$$A_2 - A_3 = B_3 \cup C_3$$
$$\vdots$$

となっている。よって、集合 X, Y について次の式が成り立つ。

$$X = D \cup B_1 \cup C_1 \cup B_2 \cup C_2 \cup B_3 \cup C_3 \cup \cdots$$
$$Y = D \cup B_1 \cup C_1 \cup B_2 \cup C_2 \cup B_3 \cup C_3 \cup \cdots \cup B$$

ところが、上の二つの式に出てくる X, Y の構成要素である集合はいずれも、どの二つの集合も共通部分を持たない。さらに、これらの式は、

$$X = D \cup B_1 \cup B_2 \cup B_3 \cup \cdots \cup C_1 \cup C_2 \cup C_3 \cup \cdots$$
$$Y = D \cup B \cup B_1 \cup B_2 \cup B_3 \cup \cdots \cup C_1 \cup C_2 \cup C_3 \cup \cdots$$

と書き直すことができる。このとき、各構成要素の集合に対して Y から X への、次のような全単射が存在する。

$f_1 : D \to D$　　これは恒等写像

$f_2 : B \to B_1$　　これは写像 f を B に制限したもの

$f_3 : B_1 \to B_2$　　これは写像 f を $f(B) = B_1$ に制限したもの

$f_4 : B_2 \to B_3$　　これは写像 f を $f^2(B) = B_2$ に制限したもの

$\vdots$

$g_1 : C_1 \to C_1$　　これは恒等写像

$g_2 : C_2 \to C_2$　　これは恒等写像

$\vdots$

よって、これらの全単射をすべて一つにまとめた写像を $h : Y \to X$ とすれば、h は Y から X への全単射となり、Y と X は同等である。　　　　　　　　　　　　　　　　［証明終］

「恒等写像」という言葉がでてきていました。これは定義域と値域が等しく $f(x) = x$ となる写像のことです。

さて、この証明には、無限の魔術の一つが潜んでいることが読み取れたでしょうか。

よくみると集合 Y と X は無限個の「合同な集合」に分割されていますが、その「個数」は、集合 Y の方が B の分だけ多いのです。しかし、分割が無限個なので、一つずつ「ず

らす」ことによって全体が「合同」になっていることが分かります。

この仕組みはコラムで紹介した「ホテル・カントールの空室操作」と原理的には何も変わりません。

次の図で、そのからくりの原理を図解しておきます。

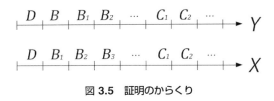

図 3.5　証明のからくり

ベルンシュタインの定理

さて、この補助定理を使うと、次のベルンシュタインの定理が証明できます。

[定理] (ベルンシュタイン)

集合 X, Y について、単射 $f : X \to Y$ と単射
$g : Y \to X$ が存在すれば、X と Y は同等である。

[証明]　条件より、$f(X)$ は Y の部分集合で X と $f(X)$ は同等。また、$g(Y)$ は X の部分集合で、$g(Y)$ と Y は同等。さらに、g は単射だから、$g \circ f(X)$ は $f(X)$ と同等。

さて、$g \circ f(X) \subset g(Y) \subset X$。さらに、$g \circ f(X)$ は、$f(X)$ と同等、$f(X)$ は X と同等だから、$g \circ f(X)$ は X と同等で

ある。

　よって、前の定理により $g(Y)$ は X と同等、すなわち X と Y は同等である。　　　　　　　　　　　　［証明終］

　このベルンシュタインの定理は、応用範囲の広い定理ですが、その前にこの定理のバリエーションをいくつか紹介しておきます。

　いずれもいい換えではありますが、それぞれに使い道があるので、ここでたしかめましょう。

ベルンシュタイン（1878〜1956）
ハレ大学でカントールとともに学び、ゲッチンゲン大学ではヒルベルトやクラインに師事した。ヒトラーによってゲッチンゲン大学を追われ、米国に逃れるも戦後復職した。ここに定理として名前が出てきてはいるが、実際には、統計などの応用数学の分野で活躍した数学者。

ベルンシュタインの定理の応用

> **[定理]**　二つの集合 X, Y について次が成り立つ。
>
> $|X| \leqq |Y|$, $|Y| \leqq |X|$ ならば $|X| = |Y|$

> **[定理]**　二つの集合 X, Y について次が成り立つ。
>
> （1）　X から Y への単射 $f : X \to Y$ と、X から Y への全射 $g : X \to Y$ があれば、X と Y は同等である。
>
> （2）　X から Y への全射 $f : X \to Y$ と、Y から X への全射 $g : Y \to X$ があれば X と Y は同等である。

　二番目の定理（1）（2）は、次の例題を使い証明します。

[例題]

　二つの集合 X, Y について、次を証明せよ。

（1）　X から Y への単射が存在すれば、Y から X への全射が存在する。

（2）　X から Y への全射が存在すれば、Y から X への単射が存在する。

[解]

（1）　$f : X \to Y$ を単射とする。$f(X)$ 内の元 y については、

$f^{-1}(y)$ はただ一つの元 $x \in X$ からなるので、$g : Y \to X$ を $g(y) = x$ と決める。

また、$f(X)$ に入らない元 y については、X の任意の元 $x_0 \in X$ を一つ固定し、$g(y) = x_0$ と決める。この写像 $g : Y \to X$ は全射となる。

(2) $f : X \to Y$ を全射とする。したがって、$f(X) = Y$ なので、すべての $y \in Y$ について、$f^{-1}(y) \neq \phi$。

よって、各 $y \in Y$ について $f^{-1}(y)$ の元 x を任意に選び、$g : Y \to X$ という写像を $g(y) = x$ でつくる。この写像は単射である。   ［終］

ベルンシュタインの定理とそのバリエーションを使って分かることをいくつかあげましょう。

［例 1］ 開区間 $(0, 1)$ と閉区間 $[0, 1]$ は同等である。

ただし、

開区間 $(0, 1) = \{x | 0 < x < 1\}$

閉区間 $[0, 1] = \{x | 0 \leqq x \leqq 1\}$

［解説］ まず、「開区間」「閉区間」という用語が出てきました。これは位相のところで詳しくみますが、ある範囲においてその端「端点」を含まないものを開区間：( )、含むものを閉区間：[ ]、また、どちらから一方を含み、もう一方を含まないものを「半開区間」：[ ) または ( ] と表します。

さて、$f : (0, 1) \to [0, 1]$ を恒等写像 $f(x) = x$ とすれば、

f は単射です。

　逆に、$g : [0, 1] \to (0, 1)$ を $f(x) = \frac{1}{2} x + \frac{1}{4}$ とすると、g は単射になります。

[例 2]　開区間 $(0, 1)$ と半開区間 $(0, 1]$ は同等である。

[解説]　これは例 1 とまったく同じです。

　実数の区間は、すべて適当に延ばしたり縮めたりして開区間 $(0, 1)$、閉区間 $[0, 1]$、半開区間 $(0, 1]$ または $[0, 1)$ に重ね合わすことができます。そのため、実数の区間はその長さや両端を含むか含まないかにかかわらず、すべて同等です。

[例 3]　開区間 $(0, 1)$ は実数の集合と同等である。

[解説]　関数 $y = \tan x$ は、開区間 $\left(-\frac{\pi}{2}, \frac{\pi}{2}\right)$ から実数への 1 対 1 対応を与えています（図 3.6 を参照）。

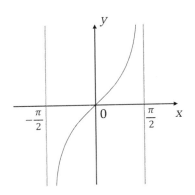

図 3.6
$y = \tan x$ のグラフ

以上の例から次のことが分かります。

[**例4**]　実数の開区間、閉区間、半開区間の基数は、すべて実数の基数と等しく $\aleph$ である。

　したがって、実数の部分集合について、われわれが現在知っているようなものは、すべて自然数か実数と同じ基数を持つことになる。

　ここで一つ、もう少し奇妙な実数の集合の例をあげることにします。

　上でとりあげた部分集合は、感覚的にはべたっと元が並んでいそうだから、それを引き延ばすことにより、[例3]のように実数と同じくらいになるということが実感できます。ところが、あとの[例6]で構成するカントール集合は、一見バラバラにしかみえない集合も、実数と同じ「連続体の基数」を持つことを示しているのです。連続体という見慣れない言葉が出てきました。これも位相のところでくわしく解説しますが、実数と等しい濃度を持つ無限集合を連続体と呼びます。

　さて、そのために、まず前節で紹介した 0, 1 からなる数列全体の集合の基数が、連続体の基数 $\aleph$ となることを証明しましょう。

[**例5**]　0, 1 からなる数列全体のつくる集合 X の基数 $|X|$ は $\aleph$ に等しい。

[**解説**]　0, 1 からなる数列をたとえば $\alpha = \{1, 0, 1, 1, 0, \cdots\}$ とします。この数列に対して小数

　　　$0.10110\cdots$

をつくります。

　まず、この小数を 2 進法による小数と考え、上の例ではこの小数を、

$$1 \times \frac{1}{2} + 0 \times \frac{1}{2^2} + 1 \times \frac{1}{2^3} + 1 \times \frac{1}{2^4} + 0 \times \frac{1}{2^5} + \cdots$$

と考えます。ここで $\alpha = \{1, 0, 1, 1, 0, \cdots\}$ にこの 2 進小数を対応させる対応を $f : X \to [0, 1]$ とします。

　ところで残念なことに、この対応は単射にはなりません。なぜなら、たとえば、2 進小数 $0.10000\cdots$ と $0.01111\cdots$ は同じ数 $\frac{1}{2}$ を表すからです。

　しかし、すべての実数は 2 進小数展開を持つので、f は全射になっています。つまり、どんな数もそれに対応する $0, 1$ からなる数列を持ちます。

　たとえば、$\frac{3}{5}$ の 2 進数展開は、

$$\begin{aligned} \frac{3}{5} &= \frac{1}{2} + \frac{3}{2^5} + \frac{3}{2^9} + \frac{3}{2^{13}} + \cdots \\ &= \frac{1}{2} + \frac{1}{2^4} + \frac{1}{2^5} + \frac{1}{2^8} + \frac{1}{2^9} + \frac{1}{2^{12}} + \frac{1}{2^{13}} + \cdots \\ &= 1 \times \frac{1}{2} + 0 \times \frac{1}{2^2} + 0 \times \frac{1}{2^3} + 1 \times \frac{1}{2^4} + 1 \times \frac{1}{2^5} + \cdots \end{aligned}$$

となるから、2 進小数で表すと

　　$0.1001100110011\cdots$

となります。

　よって、$f\left(\{100110011\cdots\}\right) = \frac{3}{5}$ です。

　一方、この小数を普通の 10 進小数と考えた対応を $g : X \to [0, 1]$ とします。今度は、g は全射にはなりませんが、10 進

小数なので、たとえば、$0.10000\cdots$ と $0.01111\cdots$ が同じ数を表すことはありません（数字 9 が出てこないことに注意しましょう）。

したがって g は単射となり、ベルンシュタインの定理バージョン（1）によって X と $[0, 1]$ は同等となります。閉区間 $[0, 1]$ の基数は $\aleph$ だから $|X| = \aleph$ となります。

カントールの不思議な集合
［例6］　カントール集合

実数の閉区間を一つとります。ここでは、区間 $[0, 1]$ をとります。この区間を 3 等分して、真ん中の区間を取り去ります。具体的には、開区間 $\left(\frac{1}{3}, \frac{2}{3}\right)$ を取り去って、二つの閉区間 $\left[0, \frac{1}{3}\right]$ $\left[\frac{2}{3}, 1\right]$ の和集合

$$\left[0, \frac{1}{3}\right] \cup \left[\frac{2}{3}, 1\right]$$

をつくります。

次に、そのおのおのの区間を 3 等分して、また真ん中の区間を取り除いた和集合をつくります。すなわち、

$$\left[0, \frac{1}{9}\right] \cup \left[\frac{2}{9}, \frac{3}{9}\right] \cup \left[\frac{6}{9}, \frac{7}{9}\right] \cup \left[\frac{8}{9}, 1\right]$$

をつくります。以下、この操作を無限回繰り返してできる集合を X とします。

この X を「カントール集合」といいます。残念ながら、無限回の操作を繰り返して得られる集合を目でみることはできませんが、感覚的にはまったくすかすかの集合のように思え

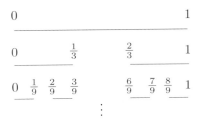

図 3.7　無限回繰り返す

ます。この操作が完了した後では、何も残らないのではない
でしょうか。

　ところが、驚くべきことにこの集合の基数は、実数の基数
と同じなのです。

　[定理]　カントール集合を X とすると、 $|X| = \aleph$ で
ある。

[証明]　いま区間 $[0, 1]$ を 3 等分した小区間のそれぞれに番
地を割り振る。それを先頭から順に 0 番地、1 番地、2 番地
とし、それぞれの区間を、

$$X_0, X_1, X_2$$

と名づける。ただし、真ん中の区間は開区間とし、両端を含
めない。

　次に、それぞれの小区間を 3 等分し、それに再び 0, 1, 2
と番地をつけて、小区間を、

$$X_{00}, X_{01}, X_{02}, X_{10}, X_{11}, X_{12}, X_{20}, X_{21}, X_{22}$$

とする。以下、この番地づけを繰り返す。たとえば、3回目には小区間の番地は、

$$X_{000}, X_{001}, X_{002}, X_{010}, X_{011}, X_{012}, X_{020}, X_{021},$$

$$X_{022}, \cdots, X_{220}, X_{221}, X_{222}$$

の 27 通りとなる。

ここで、カントール集合をつくるために取り除いた小区間を省くと、それはつねに真ん中の区間だから、番地の中に 1 を含んでいる区間が取り除かれることになり、

$$X_{000}, X_{002}, X_{020}, X_{022}, X_{200}, X_{202}, X_{220}, X_{222}$$

の 8 個の小区間が生き残る。

結局、この操作を無限回繰り返すと、生き残る区間一つ一つに対応して、0 と 2 だけからなる数列が一つ決まる。ところが、このような数列は 2 を 1 に置き換えてみればすぐに分かるとおり、[例 5] で紹介した数列と 1 対 1 に対応している。

したがって、カントール集合は [例 5] の数列の集合 X と同等であり、その基数は $\aleph$ となることが分かる。 [証明終]

3.6 無限の階層構造

無限は無限にある

前節で、実数の集合の基数が自然数の集合の基数より大きいことを証明しました。この定理自身驚くべきものでしたが、

集合論がもたらした衝撃はそれだけにはとどまらなかったのです。

　集合論という新しい数学が発見したものは、

　　無限にも階層構造があること

でした。

　どのような無限に対しても、それより大きい無限が存在する。すなわち、

　　無限は無限にある！

この節ではそれを眺めてみることにします。

　まず、無限基数の大小関係について、普通の数の大小関係と同じことが成り立つかどうかを調べましょう。そのとき、もっとも基本となるのは、次の定理です。

[定理]（推移律）　集合 A, B, C の基数について、次が成り立つ。

$$|A| \leqq |B|, \ |B| \leqq |C| \ \text{ならば} \ |A| \leqq |C|$$

[証明]　基数の大小関係の定義から、$f : A \to B$, $g : B \to C$ という二つの単射が存在する。したがって、その合成、

$$g \circ f : A \to C$$

も単射となり、定義から $|A| \leqq |C|$ となる。　　　　　[証明終]

上の定理を「大小関係の推移律」といいます。ところで、大小関係にはもう一つ重要な性質があり、それを「三分律」といいます。

[定理]（三分律）　二つの集合 A, B の基数 $|A|$, $|B|$ について、次の三つの関係のうちちょうど一つだけが成り立つ。

$$|A| < |B|,\ |A| = |B|,\ |B| < |A|$$

　この三分律は成立するのですが、じつはいまの段階ではこれを証明することができません。本書では、この証明は省略しますが、関心のある方は『集合論入門』（赤攝也、ちくま学芸文庫）あるいは『集合への 30 講』（志賀浩二、朝倉書店）をご覧ください。

　さて、すでにわれわれは、基数に関して $|A| \leqq |B|$ かつ $|B| \leqq |A|$ ならば $|A| = |B|$ が成り立つことを証明しました（ベルンシュタインの定理）。これで大小関係が満たすべき性質は、すべて成り立つことが分かりました。

最大の無限を求めて

　ここで興味のある問題が二つ出てきます。

[問 1]　いくらでも大きい基数は存在するのだろうか。すなわち、任意の基数 $|A|$ に対して、$|A| < |B|$ となる基数 $|B|$ は存在するだろうか。

[問2]　われわれは $\aleph_0 < \aleph$ であることを証明したが、では、$\aleph_0 < |A| < \aleph$ となるような基数 $|A|$ は存在するだろうか。

［問2］は集合論が始まった当初からの大問題でした。この問題はいい換えると、実数の部分集合で、自然数よりは「個数」が多いが、実数よりは「個数」が少ない集合があり得るだろうかという問いになります。

われわれはいままでにいくつかの実数の部分集合を観察してきました。それらは、たとえば有理数の集合、代数的数の集合、無理数の集合、あるいは、開区間、閉区間、半開区間などです。

しかし、そのいずれの集合も、基数としては $\aleph_0$ か $\aleph$ のいずれかにすぎませんでした。大変に奇妙なカントール集合でさえも、その基数は $\aleph$ です。となると自然に、じつはそのような基数は存在しない、つまり $\aleph$ は、$\aleph_0$ の次の基数であるという命題が正しそうです。集合論の創始者カントールは、この命題の証明に全力を傾けましたが、残念ながらその証明ができませんでした。この問題を「連続体仮説」といいます。

連続体仮説は、20 世紀の初めに集合論が、第 1 章で紹介したラッセルのパラドックスなどを受けて、公理的に整備されたとき集合論の公理との関連で研究されました。そして、ゲーデル、コーエンによって、連続体仮説の正否は集合論の公理から独立であることが示されました。すなわち、現在の公理的集合論の枠組みの中では、連続体仮説は正しいとも、間違っているとも決定ができないのです。これは現代数学の最

高の結果の一つですが、残念ながら本書ではその解説をすることはできません。

　ここでは、[問 1] について考えることにしましょう。
「実数の基数より大きな基数を持つ集合はあるだろうか」
　そのために、われわれは次のような集合を考えることにします。

　実数 R から実数 R への写像の全体がつくる集合、すなわち、実数の実数上の配置集合 R^R を F とします。すなわち、

$$F = \{f : R \to R\}$$

　このとき、次の定理が成り立ちます。

[定理]

$$\aleph < |F|$$

[証明]　任意の実数 a に対して、実数から実数への写像 $g_a(x) : R \to R$ を

　すべての x について、$g_a(x) = a$

と決める。

　このとき、実数 a に写像 g_a を対応させる R から F への写像 $\varphi : R \to F$ は明らかに単射。よって、基数の大小の定義から、

$$\aleph \leqq |F|$$

が成り立つ。

　次に、＝ が成り立たないことを証明する。この証明は背理法による。

　いま、$\aleph = |F|$ と仮定する。

　したがって、R から F への1対1の対応（全単射）

$$p : R \to F$$

が存在する。

　つまり、任意の実数 a に対して写像 $p(a)$ が一つ決まる。この写像 $p(a)$ を $p(a) = f_a$ と書くことにする。これは実数から実数への写像 $f_a : R \to R$ だから、任意の実数 x に対して $f_a(x)$ が決まる。

　これを次の表のような模型で表しておこう。

R	写像	$\cdots$	a	$\cdots$	π	$\cdots$	$\sqrt{3}$	$\cdots$
$\vdots$	$\vdots$	$\ddots$	$\vdots$	$\ddots$	$\vdots$	$\ddots$	$\vdots$	
a	f_a	$\cdots$	$f_a(a)$	$\cdots$	$f_a(\pi)$	$\cdots$	$f_a(\sqrt{3})$	$\cdots$
$\vdots$	$\vdots$	$\ddots$	$\vdots$	$\ddots$	$\vdots$	$\ddots$	$\vdots$	
π	f_π	$\cdots$	$f_\pi(a)$	$\cdots$	$f_\pi(\pi)$	$\cdots$	$f_\pi(\sqrt{3})$	$\cdots$
$\vdots$	$\vdots$	$\ddots$	$\vdots$	$\ddots$	$\vdots$	$\ddots$	$\vdots$	
$\sqrt{3}$	$f_{\sqrt{3}}$	$\cdots$	$f_{\sqrt{3}}(a)$	$\cdots$	$f_{\sqrt{3}}(\pi)$	$\cdots$	$f_{\sqrt{3}}(\sqrt{3})$	$\cdots$
$\vdots$	$\vdots$	$\ddots$	$\vdots$	$\ddots$	$\vdots$	$\ddots$	$\vdots$	

　この模型は左が実数の集合を表し、右がそれに対応している写像を表している。各写像は実数から実数への対応だから、その写像の一つ一つの実数における値が一覧表になっている。

さて、ここで、カントールの対角線論法を少し拡張しよう。いまの場合、対角線にあたるものは、実数 a に対応する写像 $f_a(x)$ の $x = a$ における値である。

そこで、実数から実数への写像 $h(x)$ を次の式で定義する。

$$h(x) = f_x(x) + 1$$

加えた 1 には特別の意味はない。ようするに $h(x) \neq f_x(x)$ となればよい。

さて、この写像 $h(x)$ はこの一覧表には出てこない。なぜなら、$h(x)$ が一覧表に出てきたとすると、ある実数 a について、$h(x) = f_a(x)$ となり、この x に a を代入すると、

$$h(a) = f_a(a)$$

となるが、$h(a) = f_a(a) + 1$ だったので、

$$f_a(a) + 1 = f_a(a)$$

すなわち、$1 = 0$ となり矛盾。　　　　　　［証明終］

これで、実数から実数への写像の全体がつくる集合の基数は $\aleph$ より大きいことが分かりました。

これはなかなか意味の深い定理ではないでしょうか。すなわち、実数そのものの集合より、実数と実数の関係を表す写像の集合の方が比べものにならないほどたくさん元があるということです。これは自然数の集合にも当てはまることで、自然数から自然数への対応は、自然数よりたくさんあることが同じようにして分かります。

巾集合を調べる

　ここで使われた論法が、対角線論法の発展した形であることを十分に鑑賞、理解してもらえたらうれしいです。じつは、この後、もう一段拡張した対角線論法が姿をみせるのですが、その準備としてもう一度、前に述べた、$0, 1$ だけからなる数列の話に戻りましょう。$0, 1$ だけからなる数列を、次のように並べます。

　　$1, 2, 3, 4, 5, 6, \cdots, n, \cdots$

　　$0, 1, 1, 0, 0, 1, \cdots, a_n, \cdots$

　この表は、上段に自然数を、下段に $0, 1$ を並べた数列を書き出した表です。

　この表を使って、次のような自然数の部分集合をつくります。

　　$a_n = 1$ となる n を集めた部分集合 B

　上の例では、B は、

　　$B = \{2, 3, 6, \cdots\}$

となります。この対応によって、$0, 1$ だけからなる数列と自然数の部分集合が 1 対 1 に対応していることはすぐに分かります。たとえば、偶数からなる部分集合には、数列 $0, 1, 0, 1, 0, 1, 0, \cdots$ が対応しているし、数列 $0, 0, 1, 0, 0, 1, 0, 0, 1, \cdots$ には 3 の倍数全体からなる部分集合が対応しています。

　同様に、素数の集合に対応する数列の最初のいくつかの項

を書くと、

$$0, 1, 1, 0, 1, 0, 1, 0, 0, 0, 1, \cdots$$

となります。

　結局、これは有限集合の部分集合の個数を数えたときに使った技術を無限集合に応用したことになるのです。

　自然数の集合を N として、その巾集合を 2^N とします。

　したがって、この考察により $0, 1$ だけからなる数列と自然数の巾集合 2^N とは、1 対 1 に対応していることが分かります。ところが、前に調べておいたことによって、このような $0, 1$ からなる数列全体のつくる集合の基数は、自然数の基数より大きいのです。

　よって、次の定理が得られます。

　[定理]　自然数の集合を N、その巾集合を 2^N とすると

$$|N| < |2^N|$$

　一般の集合 A とその巾集合 2^A に対してまったく同じことが成り立つというのが、拡張した対角線論法です。

　[定理]　任意の集合を A とし、その巾集合を 2^A とすると

$$|A| < |2^A|$$

[証明]　ただ一つの元 $a \in A$ からなる A の部分集合 $\{a\}$ と a を対応させる写像は、明らかに A から 2^A への単射となっている。したがって、

$$|A| \leqq \left| 2^A \right|$$

が成り立つ。ここで、$=$ が成り立たないことを背理法を用いて示す。

　いま、$f : A \to 2^A$ という 1 対 1 対応があったとする。したがって、A の各元 a には A の部分集合 $f(a)$ が対応している。この部分集合を A_a と書くことにする。

　このとき、次の二つが考えられる。

$$a \in A_a \text{ または } a \notin A_a$$

　ここで、$a \notin A_a$ となる a だけを集めた集合を考え、これを B としよう。すなわち、

$$B = \{x \mid x \notin A_x\}$$

　もちろん、B も A の部分集合だから $f(a) = B$ となる a がある。したがって、$B = A_a$。

　さて、この a は B、すなわち A_a に入るだろうか。

　$a \in A_a$ とすると、a は A_a、すなわち B を決めている内包の条件 $x \notin A_x$ を満たさない。すなわち、$B = A_a$ の中に入らないので、

$$a \notin A_a$$

となり矛盾。

　逆に、$a \notin A_a$ とすると、a は A_a、すなわち B を決めて

いる内包の条件を満たすから、$B = A_a$ より $a \in A_a$ となり矛盾。

よって、$f : A \to 2^A$ という 1 対 1 の対応は存在せず、

$$|A| < |2^A|$$

［証明終］

この証明がどういう形での対角線論法なのかをみるために、前と同様の表をつくってみます。各元 $a, b, c, \cdots$ が、部分集合 $A_a, A_b, A_c, \cdots$ に入るかどうかは分からないので、仮に次の表のようになっているとします。

A	部分集合	$\cdots$	a	$\cdots$	b	$\cdots$	c	$\cdots$
$\vdots$	$\vdots$	$\ddots$	$\vdots$	$\ddots$	$\vdots$	$\ddots$	$\vdots$	
a	A_a	$\cdots$	$A_a \not\ni a$	$\cdots$	$A_a \ni b$	$\cdots$	$A_a \not\ni c$	$\cdots$
$\vdots$	$\vdots$	$\ddots$	$\vdots$	$\ddots$	$\vdots$	$\ddots$	$\vdots$	
b	A_b	$\cdots$	$A_b \ni a$	$\cdots$	$A_b \ni b$	$\cdots$	$A_b \not\ni c$	$\cdots$
$\vdots$	$\vdots$	$\ddots$	$\vdots$	$\ddots$	$\vdots$	$\ddots$	$\vdots$	
c	A_c	$\cdots$	$A_c \ni a$	$\cdots$	$A_c \ni b$	$\cdots$	$A_c \not\ni c$	$\cdots$
$\vdots$	$\vdots$	$\ddots$	$\vdots$	$\ddots$	$\vdots$	$\ddots$	$\vdots$	

この表から明らかに対角線と呼ばれるものは、a と A_a、b と A_b、c と A_c との関係であることが読み取れると思います。

つまり、この場合の対角線論法は、その対角線をずらす、すなわち、$a \notin A_a$ となる元だけを集めた部分集合をつくることにほかなりません。

上の表でいえば、$a, c, \cdots$ を集めてきた部分集合 B をつくれば、B はどうしてもこの表には現れないのです。

　結局、カントールの対角線論法は次第にバージョンアップして、最後には無限に続く基数の系列を発見するに至りました。有限の基数（すなわち個数）から始まる基数の列は、

$$0,\ 1,\ 2,\ \cdots,\ \aleph_0,\ \left|2^N\right|,\ \left|2^{2^N}\right|,\ \cdots$$

と無限に続いていきます。

　この系列について、数 1 と 2 の間には「個数」が存在しないことは明らかです。また、われわれはすでに $\left|2^N\right| = \aleph$ であることを証明しました。したがって連続体仮説とは、無限の系列は、上の列のようになっていて、その間には基数が存在しないという主張なのです。

小さい無限はあるか

　では、小さい方の無限についてはどうでしょうか。可算基数 $\aleph_0$ より小さい無限基数は存在するのでしょうか。直感的には数えられるような無限がいちばん小さい無限で、それより小さい無限は存在しないのではないかと思えます。じつは、この直感は正しいのです。次のような定理が成り立ちます。

[定理]　すべての無限集合は、可算部分集合を含む。

[証明]　A_1 を任意の無限集合とする。当然空集合ではない。
　$A_1 \ni a_1$ を任意にとり、$A_1 - \{a_1\}$ をつくる。この集合を A_2 とする。
　A_2 も当然、無限集合。よって、同じ操作を繰り返して、$A_2 \ni a_2$ を任意にとり、$A_2 - \{a_2\}$ をつくる。この集合を

A_3 とすれば、A_3 も空集合ではない。

　以下、同じ操作を無限回繰り返すと、集合 $\{a_1, a_2, a_3, \cdots\}$ が得られるが、これは A_1 の部分集合となる可算無限集合である。

[証明終]

　じつは、この定理の証明には数学の一つの問題点が含まれています。上の証明の中で、「同じ操作を無限回繰り返すと、集合が得られるが」と述べました。しかし、この無限回の操作が終わらないことはたしかです。どこかで終わってしまえば、それは有限回であり、終わらないからこそ無限回だといえます。しかし、そうだとしたら、選び出された元を集めた集合を考えることができるのでしょうか。

　われわれは集合とは確定したモノの集まりであると定義したはずで、これでは確定したとはいえないのではないでしょうか。

　この疑問は正しい。たしかに、これは確定せず、したがって集合は決まっていないと考える立場もあり得るのです。

　この無限回の操作はいつでも完結し、われわれはきちんとした集合を手に入れることができるということを保証するのが「選択公理」といわれる公理です。しかし、本書ではそのことに深入りはしないことにして、ここでは上の操作は完結し、集合が確定するとしましょう。

　したがって、この定理によると、可算無限集合から任意の無限集合へ向けて単射が存在することが分かります。すなわち、可算基数より小さい無限基数は存在しない、つまり、有限基数から始まって、基数の列は、

$$0 < 1 < 2 < \cdots < n < \cdots < \aleph_0 < \cdots$$

という具合に並んでいることになります。この先に実数の基数 $\aleph$ があるわけですが、$\aleph_0$ と $\aleph$ の間に無限基数があるかないかは、いまの数学では決定できないというのが連続体仮説です。

分解合同という考え方

さて、しばらく数の集合の話が続いたので、ここで点の集合の様子を調べようと思います。

実数の集合と直線上の点の集合が1対1に対応していることはよく知られています。実際、数直線を考えるのは、直線上に原点 0 を定めて、実数 x と座標 x を持つ直線上の点を対応させることにほかなりません。

この対応によってわれわれは、実数という集合を直線のイメージでつかまえることができるようになりました。

ところで、前述のように線分は両端の点を含めるか含めないかによって、閉区間か開区間で表されます。すでに、開区間、閉区間が実数と同じ基数 $\aleph$ を持つことは証明したので、結局、線分はどんなに短いものでも、同じ「個数」の点を含

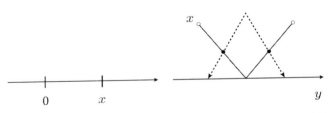

図 3.8　実数のイメージ　　図 3.9　端点を含まない線分と直線

んでいることが分かります。あるいは、端の点を含まない線分上の点が、直線上の点と 1 対 1 に対応することは図 3.9 からも分かります。

ここで、開区間 $(0, 1)$ と閉区間 $[0, 1]$ が同じ基数を持つことの幾何学的な面白い証明を紹介します。

[定義] 二つの図形 X, Y が次の性質を持つとき、この図形は「分解合同」であるという。

$$X = X_1 \cup X_2 \cup X_3 \cup \cdots \cup X_n,$$
$$Y = Y_1 \cup Y_2 \cup Y_3 \cup \cdots \cup Y_n$$

と分解され、

$$X_i \cap X_j = \phi, \, Y_i \cap Y_j = \phi \quad (i \neq j)$$

かつ

$$X_i \equiv Y_i \, (i = 1, 2, \cdots, n) \quad (\equiv は合同を表す)$$

ただし、ここで二つの図形が合同とは、図形 X を平行移動、回転、裏返しで図形 Y に重ね合わせることができるときをいいます。

二つの合同な図形が同じ「個数」の点を含んでいるのは明らかなので、分解合同な図形についても、それらが同じ個数の点を含んでいることが分かります。

したがって、二つの図形が同じ基数の点を含むことを示すためには、その図形が分解合同であることを示せばいいのです。

　また、いままで考えてきた集合の「同等」という概念は、各集合を一つ一つの元（点）に分解することによる、無限個の要素への分解も許す分解合同と考えることができます。すなわち、一つの点が一つの点と合同であることは明らかなので、集合 X, Y が同じ基数を持つとは、X, Y を要素ごとに分解したとき分解合同となることなのです。

　集合論的な「有限分解合同」についてはいろいろと奇妙な結果が知られていますが、本書では詳述しません。興味のある方は、拙著『バナッハ—タルスキの密室』（日本評論社）、あるいは『バナッハ・タルスキーのパラドックス』（砂田利一、岩波書店）を参照してください。

　ここでは、次の問題を考えてみることにします。

[例題]　開区間 $(0, 1)$ と閉区間 $[0, 1]$ は分解合同であることを示せ。

[解]　普通に考えて重ね合わせようとすると、閉区間の両端の2点が余ってしまう。そこで、開区間からどうやって2個の点を捻出するのかが問題となる。そのために、次のような集合を考える。

　まず、次のような数をつくる。

$$a_n = n\sqrt{2} \text{ の小数部分}$$

たとえば、$a_1 = 0.414213\cdots$, $a_2 = 0.828427\cdots$ となる。

　最初に $a_i \neq a_j$ $(i \neq j)$ となることに注意しておこう。なぜなら、もし $a_i = a_j$ $(i \neq j)$ とすると、ある整数 n について、$i\sqrt{2} - j\sqrt{2} = n$、すなわち $(i - j)\sqrt{2} = n$, $\sqrt{2} = \dfrac{n}{i-j}$

となり、$\sqrt{2}$ が有理数となってしまうからである。

ここで二つの集合 X, Y を

$$X = \{a_1, a_2, a_3, \cdots\}, \, Y = \{0, 1, a_1, a_2, a_3, \cdots\}$$

とする。このとき、

$$(0, 1) - X = [0, 1] - Y$$

となることは明らか。すなわち、

$$(0, 1) - X \equiv [0, 1] - Y$$

ここで二つの区間 $(0, 1)$, $[0, 1]$ を次のように分解する。

$$[0, 1] = \{0\} \cup \{1\} \cup X \cup ([0, 1] - Y)$$
$$(0, 1) = \{a_1\} \cup \{a_2\} \cup (X - \{a_1, a_2\}) \cup ((0, 1) - X)$$

このとき、$(0, 1) - X \equiv [0, 1] - Y$ となることは、すでに確かめた。

また、$\{0\} \equiv \{a_1\}$, $\{1\} \equiv \{a_2\}$ も明らか。

さらに、$X \equiv X - \{a_1, a_2\}$ となることが、次のようにして分かる。

すなわち、集合 X を $2\sqrt{2}$ だけ右に平行移動（1 をはみ出した分は 0 から前に回す）し、a_1 を a_3 に重ね、一般に a_k を a_{k+2} $(k = 1, 2, 3, \cdots)$ に重ねる。

このようにして、開区間と閉区間を四つの合同な集合に分解することができ、開区間と閉区間は分解合同になる。　[終]

164

線と面は集合の元の個数としては同じ

　さて、どんな短い線分でもその上の点の個数が同じ基数を持つことは、ここまでの集合論を学んできた人にとっては、それほど驚くべきことではないのかもしれません。しかし、カントールはさらに進んで、平面上の点と直線上の点が 1 対 1 に対応することを証明しました。

　一見、平面上には、直線などとは比べものにならないほどたくさんの点があるように思われますが、じつはそうではありません。カントール自身、この証明を発見したとき、友人のデデキントに宛てた手紙の中で、

「自分はそれを発見したが、信じられない。」

と書いています。この発見により、数学は「次元」という概念をもう一度見直すことになりました。点は 0 次元、直線は 1 次元、平面は 2 次元といいますが、直線と平面は基数という見方でみると同等になってしまうのです。

> **[定理]**　正方形上の点と線分上の点は 1 対 1 に対応する。

　この定理の証明のアイデアはそれほど難しいものではありませんが、細部に技術的な難しさがあります。ここではそのアウトラインを紹介するにとどめることにします。

[証明の概略]　周囲を含まない正方形を開区間 $J = (0, 1)$ の直積集合 $J \times J$ と考えて、その中の点 $p = (a, b)$ と開区間 J 上の点との対応 f を次のように定める。

$$a = 0.a_1 a_2 a_3 \cdots, \quad b = 0.b_1 b_2 b_3 \cdots$$

とするとき、

$$f(p) = 0.a_1 b_1 a_2 b_2 a_3 b_3 \cdots$$

とする。この対応で正方形内の点と線分上の点は1対1に対応する。

　この証明を実行するとき、小数はすべて無限小数で表して、たとえば $0.2 = 0.1999\cdots$ と表記しておかないといけません。ところが、こうすると線分上の点 $0.10101010\cdots$ に対応する正方形上の点は、$(a, b) = (0.111\cdots, 0.000\cdots)$ となり、この点は正方形の周囲に入ってしまうので少し困ります。しかし、これは技術的に回避することができます。また、これを避けて基数の不等式から上の事実を証明することもできます。それは後でふれることにして、ここでは上の対応が単射であることを注意しておきます。

　すなわち、点 P と Q が正方形内の異なる2点であるとすると、2点の座標は少なくとも1ヵ所で違っているから、上の対応で対応する直線上の点の座標は異なります。

　同様の考えで立方体内の点と線分上の点を1対1に対応させることができます。立方体だけでなく、4次元の超立方体も、5次元立方体もすべて、点の「個数」という視点からみると同じ「個数」の点しか含んでいないというのはたしかに驚くべき結果です。

　点の集合というモノとして、直線、平面などをみると次元概念がまったく意味をなさなくなってしまうということです。

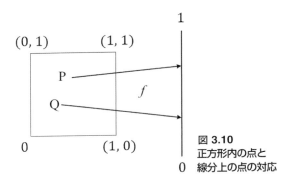

図 3.10
正方形内の点と
線分上の点の対応

　図形と集合については、まだ面白い話題がありますが、ここでは例題を一つ扱うことにします。

[例題]　直線上の共通部分を持たない線分の集合は多くても可算個しかない。

[解]　線分はどんなに短くても少なくとも一つの有理数を含む。したがって、共通部分を持たない線分の集合について、各線分に異なる有理数一つを対応させることができる。

図 3.11　共通部分を持たない線分

　そのような有理数の集合は多くても可算基数しか持たないので、このような線分の集合も多くても可算個しかない。

[終]

　次の章では、基数という「新しい数」の演算について考えていくことにします。

第 4 章
無限基数の演算
無限をあやつる

無限のリアリティ

われわれは個数という有限の数を拡張して、集合の基数という「新しい数」を発見しました。これはもちろん数といっても無限の状態を表すものなので、普通の意味の数ではありません。しかし、数列の極限を考えるときに出てくるような「いくらでも大きくなる」という可能性を表す無限でもありません。このような無限をいままでの可能性の無限に対して、「実際の数としての無限」という意味を込めて、「実無限」といいます。

実無限という「数」に対しては、われわれはまだそのいちばん単純な大小関係だけしか考えていません。それだけでも、実無限には大小関係があるという驚くべき結果を引き出せたのですが、実無限を普通の「数」と同じ感覚で扱い、そのリアリティを確実なものにするためには、普通の数で成り立つことがどのくらい実無限で成り立つのかを調べてみることが有効です。

では、どうすれば、このような実無限同士の間に、普通の数のような計算を考えることができるのでしょうか。この章で、みていきます。

4.1　基数の演算

直和とは何か

　まず有限基数、すなわち、普通の数の和の計算について振り返ります。

　m 個の元を持つ集合 A と n 個の元を持つ集合 B を考えます。この二つの集合の和集合 $A \cup B$ の元の個数はいくつになるでしょう。

　これは前の章で考えました。そのときの結果によれば、これは共通部分 $A \cap B$ がどうなるかによって変わりました。もし $A \cap B = \phi$ なら、$A \cup B$ は $m + n$ 個の元を持ちます。

　逆にいうと、数の和とは、共通部分を持たない二つの有限集合の和集合の元の個数にほかなりません。これを無限基数に拡張するため、次の定義を置きます。

　[定義]　二つの集合 A, B について、その共通部分 $A \cap B$ が ϕ のとき、その和集合 $A \cup B$ を A, B の「直和」といい、

$$A + B$$

と書く。

　ここからは、基数を a, b, m, n などで表します。

> **[定義]** 基数 a, b に対して、$|A| = a$, $|B| = b$ かつ $A \cap B = \phi$ となる集合をとる。このとき、直和 $A + B$ の基数 $|A + B|$ を a と b の和といい、$a + b$ と書く。

　この和の定義は、有限基数の和（ようするに普通の数の和）の直接の拡張で、有限基数の和の定義を含んでいるから分かりやすいと感じますが、いくつか注意が必要です。

　まず、定義の中の集合 A と B が共通部分がないようにとれるか、という問題があります。これは次のように考えます。もし $A \cap B \neq \phi$ なら、A の代わりに $A \times \{1\}$ という直積集合をとり、B の代わりに $B \times \{2\}$ という直積集合をとります。こうすれば二つの集合 $A \times \{1\}$ と $B \times \{2\}$ は、直積の定義から共通部分を持たなくなり、$|A \times \{1\}| = |A| = a$ かつ $|B \times \{2\}| = |B| = b$ となります。

　もう一つ、上の定義が集合 A や B の選び方に依存すると困ります。しかし、$|A| = |A'| = a$, $|B| = |B'| = b$ のとき、$f : A \to A'$, $g : B \to B'$ という 1 対 1 対応があるから、これを使って簡単に $A + B$ から $A' + B'$ への 1 対 1 対応がつくれます。したがって、上の定義はたしかに集合の選び方にはよらないことが分かります。

　このようにして、基数の和が定義されます。このとき、基数の和は数の和と似た性質も持つし、数の和とはまったく違った様子もみせます。

　それでは、初めに数の和と同じ性質をみましょう。

> **[定理]**　a, b, c を基数とする。このとき次が成り立つ。
>
> （1）　$a + b = b + a$
>
> （2）　$a + (b + c) = (a + b) + c$
>
> （3）　$a \leqq b$ ならば $a + c \leqq b + c$

[証明]　（1）　直和とは、ようするに共通部分を持たない二つの集合の和集合である。和集合については $A \cup B = B \cup A$ だから、$A + B = B + A$ が成り立ち、$a + b = b + a$ である。

（2）　同様に、三つの集合の和集合について結合律が成り立っているから、（2）が成り立つ。

（3）　$a \leqq b$ とする。したがって、$|A| = a$, $|B| = b$ である集合、A, B について A から B への単射 $f : A \to B$ が存在する。

　ここで、集合 $A + C$ から集合 $B + C$ への単射 $g : A + C \to B + C$ を

$$g(x) = \begin{cases} f(x) & x \in A \\ x & x \in C \end{cases}$$

と決めればよい。　　　　　　　　　　　　　　　　　　[証明終]

無限 ＋ 無限 ＝ 無限！

　これで基数の和が普通の数の和と同じ性質を持つことが分かりました。しかし、無限基数まで範囲を広げてあるので、

少しだけ、いままでの常識とは違った性質も出てきます。いくつかの例でそれを示します。

[例1] 任意の基数 a について、 $a + 0 = a$

　0 が空集合 ϕ の基数であることを思い出しましょう。

　このとき、空集合と任意の集合の和集合は、必ず直和となるから（$A \cap \phi = \phi$ です！）、$A \cup \phi = A$ より、上の式が成り立ちます。

　したがって、数 0 は、拡張された基数でも相変わらず 0 の性質を持っています。

[例2] 任意の有限基数 n について、 $n + \aleph_0 = \aleph_0$

　n 個の元を持つ集合を A、基数 $\aleph_0$ を持つ可算無限集合を B とします。

　A の元を

$$\{a_1, a_2, \cdots, a_n\}$$

とし、B の元を

$$\{b_1, b_2, b_3, \cdots\}$$

とします。このとき、$A + B$ から B への写像 f を

$$f(a_1) = b_1, f(a_2) = b_2, \cdots, f(a_n) = b_n$$
$$f(b_1) = b_{n+1}, f(b_2) = b_{n+2}, \cdots, f(b_k) = b_{n+k}, \cdots$$

と決めれば、f はたしかに全単射となり、$A + B$ と B は同等で、

$n + \aleph_0 = \aleph_0$ となります。

この例が前章で紹介した、ホテル・カントールの最初の宿泊状況と同じになっていることに注意してください。つまり、無限個の部屋を持つホテルは有限の宿泊人などものの数ではありません！

さらに、満員のホテル・カントールに、さらに可算無限人の宿泊者が来たときの状況が次の例です。

[例3]　可算基数 $\aleph_0$ について、$\aleph_0 + \aleph_0 = \aleph_0$

これは以前に、可算個の可算集合の和集合が可算集合となることを証明したのと同じですが、今度は、集合は互いに共通部分を持たないようにとってあります。そこで、元をそのまま、たとえば次のように並べます。

$$A = \{a_1, a_2, a_3, \cdots\}, B = \{b_1, b_2, b_3, \cdots\}$$

このとき、

$$A + B = \{a_1, b_1, a_2, b_2, \cdots\}$$

と並べればよいことがわかります。

では、さらに大きい無限についてはどうなるのでしょうか。

[例4]　実数の基数 $\aleph$ について、$\aleph + \aleph = \aleph$

われわれはすでに実数の区間についていくつかの知識を持っているので、上の等式を証明するのはそう難しいことではありません。いろいろな方法がありますが、たとえば、次のように考えられます。

$A = [0, 1)$, $B = [1, 2]$ とすれば、A, B には共通部分がありません。A は半開区間になっています。

$$A + B = [0, 2], \, |A| = |B| = |A + B| = \aleph$$

なので、上の等式が成り立ちます。

結局、ホテル・カントールを、$\aleph$ 個の客室を持つ超高層ホテルに改築すれば、たとえ満室であっても、超越観光団のツアー客は無事泊まれます（部屋番号はつけられませんが……）。

無限基数については、一般に次の定理が成り立ちます。

［定理］ 任意の無限基数 a について、 $a + \aleph_0 = a$ である。

［証明］ この定理は、前に証明した。任意の無限集合は、可算部分集合を含む、すなわち、$\aleph_0$ が最小の無限基数であるという定理を「基数の和」という言葉を使っていい換えたものだが、ここでは純計算風の証明を考えてみよう。

$|A| = a$ となる無限集合を一つとる。A は可算部分集合 B を含んでいる。

$B \cap (A - B) = \phi$ だから、

$$|A| = |A - B| + |B| = |A - B| + \aleph_0$$

となる。ところが、$\aleph_0 = \aleph_0 + \aleph_0$ だから、

$$|A - B| + \aleph_0 = |A - B| + (\aleph_0 + \aleph_0)$$
$$= (|A - B| + \aleph_0) + \aleph_0$$
$$= (|A - B| + |B|) + \aleph_0$$
$$= |A| + \aleph_0$$

すなわち、

$$|A| = |A| + \aleph_0$$

となり、

$$a + \aleph_0 = a \qquad \text{［証明終］}$$

無限の差、無限 − 無限 ＝？

さて、基数の和が考えられたのだから、次は基数の差となるのが順序ですが、果たして、和と同様に基数の差を考えることができるでしょうか。

和集合の基数を基数の和と考えたのだから、差集合の基数を基数の差と考えることはごく自然な気がします。

和集合の場合では共通部分のない直和を考えました。同じようにして、集合 A と集合 B の差集合の場合は、B が A の部分集合になっているときだけを考えるのが自然でしょう。

有限集合の場合、二つの集合 A, B について $|A| = m$, $|B| = n$ かつ、$B \subset A$ となっていれば、$|A - B| = m - n$ となるので、この「差集合の基数を基数の差としよう」という考えはたしかに成り立っています。

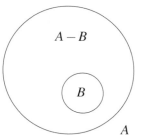

A　図 4.1　差集合

　では、無限集合についても、同じように考えられるでしょうか。例として自然数の集合 N を考えます。

[例 5]　N の部分集合 $A = \{101, 102, 103, \cdots\}$ を考えます。このとき、

$$N - A = \{1, 2, 3, \cdots, 100\}$$

なので、$|N - A| = 100$ すなわち、$\aleph_0 - \aleph_0 = 100$ になります。

　同様に考えて、勝手な数 m について、$\aleph_0 - \aleph_0 = m$ となる自然数の部分集合があることも分かります。

[例 6]　N の部分集合として $A = \{2, 4, 6, \cdots, 2n, \cdots\}$ を考えます。このとき、

$$N - A = \{1, 3, 5, \cdots, 2n - 1, \cdots\}$$

だから、$|N - A| = \aleph_0$ すなわち、$\aleph_0 - \aleph_0 = \aleph_0$ になります。

　さらに、自然数の部分集合として、自分自身をとれば、明

らかに、$\aleph_0 - \aleph_0 = 0$ となります。

　以上の例から分かるのは、自然に差集合を考えても、基数の差は一つには決まらないということです。したがって、基数については和は考えられますが、差を考えることはできないのです。

無限の積

　では、次に基数の積について考えましょう。

　ここでも和の場合と同じように、有限基数の積について振り返ることから始めます。

　m 個の元を持つ集合 A と、n 個の元を持つ集合 B との直積集合を考えると、これは二つの集合の元のペアの全体でしたから、そのペアの個数は mn 個になります。この積は、小学校以来慣れ親しんできた「長方形の面積は 縦 × 横」というイメージで考えると分かりやすいでしょう。あるいは、小学校の教室に机が並んでいて、それが四つずつ 5 列あれば全部で 4×5 で 20 の机があるということです。

　これは、ごく自然に無限集合の場合に拡張されます。

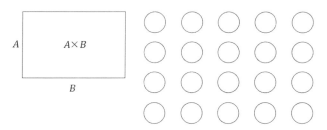

図 4.2　長方形の面積と直積集合

> **[定義]** 二つの集合 A, B に対して $|A| = a$, $|B| = b$ とする。このとき直積集合 $A \times B$ の基数 $|A \times B|$ を a, b の積といい、$a \times b$ またはたんに ab と書く。

和の場合と同じように、この基数の積の定義も集合の選び方にはよりません。すなわち、$|A| = |A'|$, $|B| = |B'|$ ならば、$|A \times B| = |A' \times B'|$ が成り立ちます。なぜなら、A と A' が同等、B と B' が同等だから、$f : A \to A'$, $g : B \to B'$ という全単射があります。

これを使って、$h : A \times B \to A' \times B'$ という全単射を、

$$h(a, b) = (f(a), g(b))$$

と決めればいいのです。

さて、基数の積については次の性質が成り立ちます。

> **[定理]**
>
> (1) $a \times b = b \times a$
>
> (2) $a \times (b \times c) = (a \times b) \times c$
>
> (3) $a \times (b + c) = a \times b + a \times c$
>
> (4) $b \leqq c$ ならば $a \times b \leqq a \times c$

[証明] (1) 直積集合 $A \times B$ から直積集合 $B \times A$ への写像

$$f : A \times B \to B \times A \quad を$$

$$f(a, b) = (b, a)$$

と決めれば、この写像は全単射である。

　これは、長方形の面積は縦からみても横からみても同じということの集合論的ないい換えと考えることもできる。

　（2）　三つの集合の直積集合 $A \times (B \times C)$ から $(A \times B) \times C$ への写像

$$f : A \times (B \times C) \to (A \times B) \times C$$

を、$f(a, (b, c)) = ((a, b), c)$ と決めれば、この写像は全単射である。これは、直方体の体積はどの辺の積から計算しても同じということの、集合論的ないい換えと考えることもできる。

　（3）　　B, C を共通部分のない二つの集合とし、その直和を $B + C$ とする。

　直積集合 $A \times (B + C)$ の元は $A \times B$ に入るか $A \times C$ に入るかのいずれかなので、この二つの集合は共通部分を持たない。よって、

$$A \times (B + C) = A \times B + A \times C$$

となり、（3）が成り立つ。

　次の図を参照すれば、直感的には明らかである。

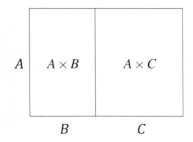

図 **4.3** 直積の分配法則

(4) $|B| = b,\ |C| = c$ とする。条件より、
$f : B \to C$ という単射が存在する。このとき、写像

$$g : A \times B \to A \times C \quad を$$

$$g(a, b) = (a, f(b))$$

と決めれば、この写像は単射である。　　　　［証明終］

　この定理から、基数の積については普通の数の積と同様の
ことが成り立ちます。しかし、和の場合と同様に、基数の範
囲を無限基数まで広げてあるので、少し常識と違う事実も成
り立ちます。

　ここで、いくつかの例を示します。

[**例 7**] 　任意の基数 a について、次が成り立ちます。

(1) 　$a \times 0 = 0$

(2) 　$a \times 1 = a$

　0 は空集合 ϕ の基数で、任意の集合と空集合との直積は元

を持たないから空集合。したがって、（1）が成り立ちます。

　一方、1 は集合 $\{1\}$ の基数であり、任意の集合 A と $\{1\}$ との直積集合 $A \times \{1\}$ は、対応

$$a \to (a, 1)$$

によって、集合 A と 1 対 1 に対応し、同等です。

[例 8]　任意の有限基数 n について、$n \times \aleph_0 = \aleph_0$

　$|A| = \aleph_0$ である集合 A を一つとります（たとえば自然数の集合）。

$$A = \{a_1, a_2, a_3, \cdots, a_k, \cdots\}$$

とし、$B = \{1, 2, 3, \cdots, n\}$ とします。

　このとき、$A \times B$ は次のようになっています。

$$(a_1, 1) \quad (a_2, 1) \quad (a_3, 1) \quad \cdots \quad (a_k, 1) \quad \cdots$$
$$(a_1, 2) \quad (a_2, 2) \quad (a_3, 2) \quad \cdots \quad (a_k, 2) \quad \cdots$$
$$\vdots \qquad\quad \vdots \qquad\quad \vdots \qquad\quad \ddots \qquad \vdots \qquad\quad \vdots$$
$$(a_1, n) \quad (a_2, n) \quad (a_3, n) \quad \cdots \quad (a_k, n) \quad \cdots$$

　したがって、この元にたての第 1 列から順に通し番号をつけていけば、全体が可算集合となることが分かります。

　この例は、すぐに次の例に拡張できます。

[例 9]　$\aleph_0 \times \aleph_0 = \aleph_0$

　上の例 8 で、集合 B を $B = \{b_1, b_2, b_3, \cdots, b_k, \cdots\}$ で置き換えたものを考えます。すなわち、

$$(a_1, b_1) \quad (a_2, b_1) \quad (a_3, b_1) \quad \cdots \quad (a_k, b_1) \quad \cdots$$

$$(a_1, b_2) \quad (a_2, b_2) \quad (a_3, b_2) \quad \cdots \quad (a_k, b_2) \quad \cdots$$

$$\vdots \qquad\quad \vdots \qquad\quad \vdots \qquad\quad \ddots \qquad\quad \vdots \qquad\quad \vdots$$

$$(a_1, b_k) \quad (a_2, b_k) \quad (a_3, b_k) \quad \cdots \quad (a_k, b_k) \quad \cdots$$

$$\vdots \qquad\quad \vdots \qquad\quad \vdots \qquad\quad \ddots \qquad\quad \vdots \qquad\quad \vdots$$

として、これを分数のときと同じように斜めにとっていけば
いいわけです。

では、もっと大きな基数、連続体の基数 $\aleph$ についてはどう
なるのでしょうか。

$\aleph \times \aleph$ がどのくらいの大きさの基数になるか？

これについてはすでに、正方形内の点が線分上の点と 1 対 1
に対応するという形で、$\aleph$ になるということの略証を紹介し
ました（3.6 節）。そこで、ここでは基数の積を用いて証明し
てみます。

[例 10] $\aleph \times \aleph = \aleph$

以前に、周囲を含まない正方形内の点が両端を含まない
線分上の点と対応することを示したとき、次のような写像
$f : (0, 1) \times (0, 1) \to (0, 1)$ を考えました。

写像 f は、

$$a = 0.a_1 a_2 a_3 \cdots, \quad b = 0.b_1 b_2 b_3 \cdots$$

としたとき、正方形内の点 (a, b) を、線分上の点
$0.a_1 b_1 a_2 b_2 a_3 b_3 \cdots$ に移す写像でした。

この写像は残念ながら全射にはなりませんでしたが、単射でした。したがって、

$$\aleph \times \aleph \leqq \aleph$$

が成り立っています。

ところが、

$$1 \leqq \aleph$$

だから、この両辺に $\aleph$ をかけると、

$$\aleph \leqq \aleph \times \aleph$$

となり、前の不等式とあわせて、

$$\aleph \leqq \aleph \times \aleph \leqq \aleph$$

となります。よって、

$$\aleph \times \aleph = \aleph$$

が成り立ちます。

この証明は、ベルンシュタインの定理の不等式を使っているので、もっと直接に次のような証明も可能です。

[別証明]

$f : (0,\,1) \times (0,\,1) \to (0,\,1)$ は前と同じ写像とする。すなわち、

$$a = 0.a_1 a_2 a_3 \cdots, \quad b = 0.b_1 b_2 b_3 \cdots$$

としたとき、

$$f(a, b) = 0.a_1 b_1 a_2 b_2 a_3 b_3 \cdots$$

一方、$g : (0, 1) \to (0, 1) \times (0, 1)$ を

$$g(a) = (a, 0.5)$$

とする。f, g はどちらも単射。したがってベルンシュタインの定理によって、$(0, 1)$ と $(0, 1) \times (0, 1)$ は同等で、

$$\aleph \times \aleph = \aleph$$

が成り立つ。

この結果から、平面上の点と直線上の点の基数は一致することが分かる。　　　　　　　　　　　　　　　[証明終]

また、この結果からただちに、空間内の点の基数やさらに次元の高い空間内の点の基数もすべて $\aleph$ であることも分かります。

すなわち次が成り立っているのです。

$$\underbrace{\aleph \times \aleph \times \aleph \times \cdots \times \aleph}_{n\ \text{個}} = \aleph$$

無限の割り算はあるか

さて、基数の和を考えたとき、その逆算として基数の差が考えられるだろうかという問題がありました。結果は、基数については普通の個数とは違って、差は考えられませんでした。

同様に、基数の積に対して基数の商は考えられるのでしょうか。じつは、基数の商については、普通の有限基数についてもそれを考えることはできないのです。

なぜでしょう？

われわれが普通に扱う量には二つの種類があります。それは「数える」ことができる量と「測る」ことができる量です。

数える場合の量を「分離量」といいます。これは、ようするにものの個数という量で、自然数 1, 2, 3, … はこれを表す目安、物差しです。

一方、長さや面積、体積といった量は「数える」わけにはいきません。これらは、ある単位の量を決めてそれを元にして「測る」ことで表される量です。われわれはリンゴが2あるということはできます（正確には2個あるですが、2あるでも意味が分かります！）。しかし、絶対に長さが2あるとはいいません。長さの場合は、長さが2mあるなどといいます。つまり、メートルという単位を設定した上で、長さを測定しているのです。

このような測る場合の量を「連続量」といいます。連続の基数という名前と混同しないようにしましょう。連続量の最大の特徴は端数が出ることです。

したがって、自然数は基本的に分離量を表すのに用いますが、小数、分数は連続量を表すのに用います。

さて、集合の基数とは、基本的に、分離量を表す個数の拡張概念です。分離量である個数の考えを無限にまで拡張したものが基数であるといってもかまいません。したがって、1.5とか $\frac{2}{3}$ という基数を持つ集合は存在しません。つまり、基数3を基数2で割ることはできないのです。よって、基数について割り算や商を考えることはしません。

4.2 基数の巾

基数の指数法則

　足し算、かけ算と続いたので、最後に基数の巾乗を考えることにします。

　以前に配置集合をつくったとき、$R \times R$ が配置集合 R^2 とみなせることにふれました。つまり R^2 という記号は $R \times R$ の略記法なのですが、ほんとうに配置集合としての意味を持つ、すなわち、

$$R^2 = \{f | f : \{0, 1\} \to R\}$$

と考えてもよかったのです。また、B が一般の集合の場合も A^B が A の「B」個の積と考えられることにもふれました。

　これを手がかりにして、基数の巾乗を、次のように定義します。

> **[定義]**　基数 a, b に対して、$|A| = a, |B| = b$ となる集合をとる。このとき、配置集合 A^B の基数 $|A^B|$ を a^b と書き、a の b 乗という。

　この定義は、上の配置集合の説明から大変に自然な定義です。

　前と同じように、この基数の巾乗の定義が $|A| = a, |B| = b$ となる集合 A, B の選び方によらず一定に決まることは、次のようにして分かります。

　$|A| = |A'| = a, |B| = |B'| = b$ となる集合を $A, A', B,$

B' とします。

　したがって、$\varphi: A \to A'$, $\psi: B \to B'$ という全単射が存在します。ここで、配置集合から配置集合への

$$F: A^B \to A'^{B'}$$

という写像を次のように決めます。

$f: B \to A$ に対して、

$g: B' \to A'$ を $g(x') = \varphi \circ f \circ \psi^{-1}(x')$

とし、$F(f) = g$ とします。

$$
\begin{array}{ccc}
B' & \xrightarrow{\ g\ } & A' \\
\psi^{-1} \downarrow & & \uparrow\ \varphi \\
B & \xrightarrow{\ f\ } & A
\end{array}
$$

　この写像 F は、逆写像 F^{-1} が、

$$F^{-1}(g) = \varphi^{-1} \circ g \circ \psi$$

で与えられて、全単射となります。

　したがって、A^B と $A'^{B'}$ は同等であり、その基数も同じです。

　これで基数の巾がごく自然に決まることが分かりましたが、これは数の巾と同じ性質、つまり指数法則を満たすのでしょうか。

　われわれが数について指数法則と呼んでいるのは、次の性質です。

[指数法則]

(1) $a^b \times a^c = a^{b+c}$

(2) $\left(a^b\right)^c = a^{bc}$

(3) $(ab)^c = a^c \times b^c$

　この性質は、一般の基数の巾については無条件では成り立ちません。われわれは基数のマイナス乗や分数乗を定義できないので、すべての指数法則は個数の拡張としての基数についてだけ考えなければなりません。つまり、$\aleph^{-2}$ や $\aleph^{\frac{2}{3}}$ を考えることはできません。しかし、それを除けば、この指数法則は一般の基数に対して成り立ちます。

［定理］（基数の指数法則）

　一般の基数について次の性質が成り立つ。

(1) $a^b \times a^c = a^{b+c}$

(2) $\left(a^b\right)^c = a^{bc}$

(3) $(ab)^c = a^c \times b^c$

［証明］ (1) $|A| = a$, $|B| = b$, $|C| = c$ かつ、$B \cap C = \phi$ とする。

$$a^b \times a^c = \left|A^B \times A^C\right|, \ a^{b+c} = \left|A^{B+C}\right|$$

だから、$A^B \times A^C$ と A^{B+C} が同等であることを証明すればよい。

　$A^B \times A^C \ni (f, g)$ とする。したがって、

$$f : B \to A$$

$$g : C \to A$$

ここで、$h : B + C \to A$ という写像を

$$h(x) = \begin{cases} f(x) & x \in B \\ g(x) & x \in C \end{cases}$$

とすれば、対応 $(f, g) \to h$ は、$A^B \times A^C$ と A^{B+C} の間の全単射を与える 1 対 1 の対応となる。

(2)　$|A| = a,\ |B| = b,\ |C| = c$ とする。

$$\left(a^b\right)^c = \left| \left(A^B\right)^C \right|$$

$$a^{bc} = \left| A^{B \times C} \right|$$

だから、$\left(A^B\right)^C$ と $A^{B \times C}$ が同等であることを証明すればよい。

$\left(A^B\right)^C \ni f$ とする。したがって、

$$f : C \to A^B$$

すなわち、$C \ni y$ に対して、$f(y)$ は y で決まる B から A への写像 $(f(y))(x) : B \to A$ となる。この写像を $f(x, y)$ と書く。すなわち、

$$f(x, y) : B \to A$$

ところで、上の写像 $f(x, y)$ は (x, y) を変数とみると、

$$f(x, y) : B \times C \to A$$

とみなせて、f は $(b, c) \in B \times C$ に $f(b, c) \in A$ を対応さ
せる写像となる。

　逆に、$f(x, y) : B \times C \to A$ という写像は、y を c に固定
すると、c に対して写像

$$f(x, c) : B \to A$$

を対応させる写像とみなせる。この対応が $\left(A^B\right)^C$ と $A^{B \times C}$
の 1 対 1 の対応を与える。

　(3)　$|A| = a, |B| = b, |C| = c$ とする。

$$(ab)^c = \left|(A \times B)^C\right|$$

$$a^c \times b^c = \left|A^C \times B^C\right|$$

だから、$(A \times B)^C$ と $A^C \times B^C$ が同等であることを証明す
ればよい。

　$(A \times B)^C \ni f$ とする。したがって、

$$f : C \to A \times B$$

$c \in C, (a, b) \in A \times B$ として、$f(c) = (a, b)$ とする。
c に a を対応させる写像を

$$g : C \to A$$

c に b を対応させる写像を

$$h : C \to B$$

とする。このとき写像 $F : (A \times B)^C \to A^C \times B^C$ を

$$F(f) = (g, h)$$

と決めると、F は全単射である。　　　　　　　　　［証明終］

　以上で、個数の拡張である基数が形式的には数と同じ指数法則にしたがうことが分かりました。

基数の巾の応用

　基数の巾を使って分かることを、いくつかの例で紹介します。

[例 11]　a を 0 でない任意の基数とします。このとき、

$$1^a = 1$$

$|A| = a$ となる集合を一つとります。このとき、$0 < a$ だから、A は空集合ではありません。

　ここで、1 だけからなる集合を 1 と書けば、$1^a = |1^A|$ です。

　ところが、$f : A \to \{1\}$ という写像は、A のすべての元を 1 に移す写像しかないので、

$$|1^A| = 1$$

[例 12]　a を 0 でない任意の基数とします。このとき、

$$a^1 = a$$

$|A| = a$ となる集合を一つとります。このとき、$0 < a$ だから、A は空集合ではありません。

ここで、1 だけからなる集合を 1 と書けば、$a^1 = |A^1|$ です。

ところが、$f : \{1\} \to A$ という写像は $f(1)$ の値を決めると決まります。この値のとり方が、ちょうど A の元の基数（個数）だけあることは明らかです。

じつはこの段階で、基数の巾と普通の数の巾でのちょっとした違いがあることが分かります。数の巾では $a^0 = 1$ でしたが、基数では a^0 は空集合から A への写像の個数を表し、この配置集合は考えない約束でした。一方、空集合からの写像は存在しないとも考えられるので、$a^0 = 0$ とする方が自然であるともいえます。しかし、こうすると、a が有限基数、すなわち普通の数のときの性質と矛盾してしまいます。そこで、ここでは基数の 0 乗は考えないことにします。

さて、ここまでは 0 乗を除いて普通の指数と同じですが、無限基数の巾を考えたらどうなるかを次にみましょう。

[例 13]　$(\aleph_0)^n = \aleph_0$, $\aleph^n = \aleph$

この事実はすでに説明しています。直積集合との関係でいえば、自然数の集合の n 個の直積の基数は $\aleph_0$ であり、実数の集合の n 個の直積の基数は $\aleph$ です。幾何学的イメージでいうと、n 次元空間の点の「個数」は、数直線上の点の「個数」と同じです。

これは、次のように計算で証明することもできます。N を自然数の集合とし、$|2^N| = \aleph$ すなわち、$2^{\aleph_0} = \aleph$ であることを用いて、

$$\aleph^n = \left(2^{\aleph_0}\right)^n = 2^{\aleph_0 \times n} = 2^{n \times \aleph_0} = 2^{\aleph_0} = \aleph$$

無限の無限乗

では、基数の無限基数乗はどうなるでしょう。

それを考えるために、次の不等式を証明します。

［定理］　基数 $a,\, b,\, c$ について、 $a \leqq b$ なら $a^c \leqq b^c$ である。

［証明］　$|A| = a,\ |B| = b,\ |C| = c$ とする。

仮定 $a \leqq b$ より、 $h : A \to B$ という単射が存在する。

いま、 $A^C \ni f$ とする。

したがって、 f は $f : C \to A$ という写像である。

ここで、写像 $g : C \to B$ を、

$$g(x) = h \circ f(x) : C \to A \to B$$

で決める。

このとき、 f に g を対応させる写像

$$F : A^C \to B^C$$

は単射。したがって、 $a^c \leqq b^c$ である。　　　　　　　　［証明終］

では、上の不等式を使って、無限基数乗を調べてみましょう。

［例 14］　$1 \leqq n$ のとき $n^{\aleph_0} = \aleph$ は成り立つか

これは $2^{\aleph_0}$ が $\aleph$ となることから、だいたい想像がつきます。実際、自然数の集合 N から、集合 $\{0,\, 1\}$ への写像は実数の 2 進小数展開に対応していました。したがって、たとえば

$n = 10$ の場合、集合 N から集合 $\{0, 1, \cdots, 9\}$ への写像は、実数の普通の 10 進小数展開に対応しています。この場合だけを少し詳しくみると、10 という集合を $10 = \{0, 1, 2, \cdots, 9\}$ とすれば、写像

$$f : N \to 10$$

は数字列

$$f(1), f(2), f(3), \cdots, f(n), \cdots$$

によって決まります。

この数字列を、$f(n) = a_n$ として、
小数 $a = 0.a_1 a_2 a_3 \cdots a_n \cdots$ に対応させれば、a は
$0 \leqq a \leqq 1$ となる一つの実数を表すことが分かります。

写像 f に小数 a を対応させる対応

$$F : 10^N \to [0, 1]$$

は単射にはなりませんが、全射になっています（どんな数でも無限小数で表すことができる）。したがって、

$$\aleph \leqq 10^{\aleph_0}$$

ここで定理の不等式を使うと、$10 \leqq \aleph$ だから、

$$10^{\aleph_0} \leqq \aleph^{\aleph_0} = \left(2^{\aleph_0}\right)^{\aleph_0} = 2^{\aleph_0 \times \aleph_0} = 2^{\aleph_0} = \aleph$$

となり、

$$\aleph \leqq 10^{\aleph_0} \leqq \aleph$$

したがって、ベルンシュタインの定理から、$10^{\aleph_0} = \aleph$ が

この本の タイトル	
	（B番号　　　　）

① **本書をどのようにしてお知りになりましたか。**
　1 新聞・雑誌（朝・読・毎・日経・他：　　　　　）　2 書店で実物を見て
　3 インターネット（サイト名：　　　　　　　　）　4 X（旧Twitter）
　5 Facebook　6 書評（媒体名：　　　　　　　　　　　　　）
　7 その他（　　　　　　　　　　　　　　　　　　　　　　）

② **本書をどこで購入しましたか。**
　1 一般書店　2 ネット書店　3 大学生協　4 その他（　　　　　　　　）

③ **ご職業**　1 大学生・院生（理系・文系）　2 中高生　3 各種学校生徒
　4 教職員（小・中・高・大・他）　5 研究職　6 会社員・公務員(技術系・事務系)
　7 自営　8 家事専業　9 リタイア　10 その他（　　　　　　　　　　　）

④ **本書をお読みになって（複数回答可）**
　1 専門的すぎる　2 入門的すぎる　3 適度　4 おもしろい　5 つまらない

⑤ **今までにブルーバックスを何冊くらいお読みになりましたか。**
　1 これが初めて　2 1〜5冊　3 6〜20冊　4 21冊以上

⑥ **ブルーバックスの電子書籍を読んだことがありますか。**
　1 読んだことがある　2 読んだことがない　3 存在を知らなかった

⑦ **本書についてのご意見・ご感想、および、ブルーバックスの内容や宣伝
　面についてのご意見・ご感想・ご希望をお聞かせください。**

⑧ **ブルーバックスでお読みになりたいテーマを具体的に教えてください。
　今後の出版企画の参考にさせていただきます。**

★下記URLで、ブルーバックスの新刊情報、話題の本などがご覧いただけます。
　http://bluebacks.kodansha.co.jp/

郵便はがき

112-8731

料金受取人払郵便

小石川局承認
1143

差出有効期間
2026年1月15
日まで

東京都文京区音羽二丁目
十二番二十一号

講談社

ブルーバックス 行

llıl·ll·l·l··l·lıllıllı···l·l·l·l·l·l·l·l·l·l·l·l··llıllıll

愛読者カード

あなたと出版部を結ぶ通信欄として活用していきたいと存じます。
ご記入のうえご投函くださいますようお願いいたします。

（フリガナ）
ご住所　　　　　　　　　　　　　〒□□□-□□□□

（フリガナ）
お名前　　　　　　　　　　　　ご年齢　　　歳

電話番号

★ブルーバックスの総合解説目録を用意しております。
　ご希望の方に進呈いたします（送料無料）。
　1　希望する　　　2　希望しない

TY 000019-2312

成り立ちます。

　一般の n についても同様に、$n^{\aleph_0} = \aleph$ となります。

　では、$\aleph_0^{\aleph_0}$ は、どうなるでしょうか。

[例 15]　$\aleph_0^{\aleph_0} = \aleph$ さらに、$\aleph^{\aleph_0} = \aleph$

　$\aleph_0^{\aleph_0}$ は、自然数から自然数への写像の全体がつくる集合の基数ですが、次のように計算でこれを求めることができます。

　まず、$2^{\aleph_0} = \aleph$ であることに注意して、

$$\aleph = 2^{\aleph_0} \leqq \aleph_0^{\aleph_0} \leqq \aleph^{\aleph_0} = \left(2^{\aleph_0}\right)^{\aleph_0}$$
$$= 2^{\aleph_0 \times \aleph_0} = 2^{\aleph_0} = \aleph$$

　したがって、ベルンシュタインの定理より、これらの基数はすべて等しく、実数の基数 $\aleph$ となります。

　最後に、$\aleph^{\aleph}$ の順番となりますが、これが実数から実数への写像の全体がつくる配置集合の基数となることは分かっていて、その基数が $\aleph$ より大きくなることはすでに証明しました。

　この集合の基数が、じつは実数のすべての部分集合全体、すなわち実数の巾集合の基数と同じになることは、次の計算で分かります。

$$\aleph^{\aleph} = \left(2^{\aleph_0}\right)^{\aleph} = 2^{\aleph_0 \times \aleph} = 2^{\aleph}$$

4.3 集合的世界像

同じ性質を持ったものを集める

われわれは、ものの集まりという素朴な集合概念から始めて、ものの個数という、人間がおそらく最初に手にしたであろう数学的な概念を拡大してきました。

同じ性質を持ったものを集めるという行為は、数学に限らず、似たようなものを分類、区別するという科学のもっとも基本的な考え方の一つであったと考えられます。素朴な集合概念も、そのような考えから出発しました。

集合は同じ性質を持ったものの集まりですが、それらのものは集められているだけで、もの同士の関係とか、演算とかは考えられていません。数の集合にしても、点の集合にしても、それらは、ようするに集まっているだけなのです。このような集合をさらに分類、区別する視点は「集合の元の多さ」と「集合の元の並べ方」しかありませんでした。それは最初に述べたとおりです。

この「多さ」と「並べ方」を比較してみると、並べ方のほうがやや詳しい性質になっていました。それは、3個のものの並べ方が6通りもあることをみても明らかでした。

本書では集合の「元の多さ」についての理論だけを取り上げて解説しました。これを「基数の理論」といいます。

基数（濃度）とは、ものの個数の概念を無限のものにまで拡張した概念です。

それは数とはいいながら、普通の数とはだいぶ異なっていました。たしかに、有限基数はいままでのものの個数と同じ

ですが、無限基数は普通の数とはだいぶ異なります。基数の概念を持たなければ、自然数の集合も、実数の集合も、どちらも無限に多いとしかいいようがありません。そもそも、無限とは「数え切れないほどたくさんある」ことでしかなかったからです。

カントールの集合論

　しかし、カントールの集合論によって、われわれはその二つの無限を比較する手段を得たのでした。その手がかりが、「人がものの個数を数えること」というまったく基本的な行為の中にあったことは不思議ではありません。ようするに、個数を数えるとは、数詞の集合と数えようとする集合とを比較することなのです。

　このようにして得られた無限の世界は、古典的な無限の世界からは想像もできないものでした。
「無限にも大きさの違いがある！」という世界観は、集合論という数学をもってして人が初めてみることのできた世界なのです。ただたんに、どんどん大きくなる、あるいは無限にたくさんあるというだけの無限のとらえ方からは、この階層的な無限観はどうしても生まれませんでした。ここに集合論という数学が果たした、大きな役割があります。

　この見方でみると、実数というわれわれがよく知っているつもりの数の集合でさえ、いささか怪物じみた姿をみせるのです。少し謙虚にいえば、人が理解できたつもりになれる無限は $\aleph_0$ までであって、無限 $\aleph$ がつくる世界は、人には完全には理解できないのかもしれません。

　しかし、その一方で、現代数学はそのような無限や集合を

少しずつ手なずけてきました。その一つの現れが、基数という「数」の演算です。われわれは、これまでみてきたような演算を通して、基数という数の実在性や手触りをたしかめ、一歩一歩、無限の階段を上っていくことになるのです。

　たしかに、現代数学はいまだ無限集合のすべてを手なずけたとはいい難いでしょう。本文中で述べたように、「連続体仮説」が決定できないという問題も抱えています。あるいは選択公理が、いまだ完結し得ない操作を完結したものとみなし、その結果引き起こされるまったく奇妙な現代数学の姿もあります。しかし、そのような点をすべて考えに入れたうえでなお、集合論的世界が、現代数学に一つの基礎を与えていることは間違いありません。

第 5 章

ユークリッド空間

位相のことはじめ

5.1 位相とはどんなものか

これまでは集合について説明しました。集合とは同じ性質を持った「モノ」の集まりです。そこではモノの集まりの持つもっとも素朴な性質、すなわち集まっているモノの個数を問題にしてきました。それは、有限集合の場合にはほんとうの個数ですが、問題は無限集合についても「個数」が考えられるかということでした。

無限にたくさんのものがあるとき、その「個数」を問題にすることができるのだろうか。その考えから、個数は基数（濃度）という概念に拡張されました。そして、無限集合の基数がどのような性質を持つのか、それは有限集合の個数とどこが同じで、どこが違うのか、これがこれまでのテーマでした。

ところで、そこで集合の例にとったのは点の集まりとしての直線や平面、あるいは数の集まりなどでした。数の集合は、たんに数がいくつあるかということだけではなく、これまでは問題にしなかったいくつかの性質を持っています。たとえば、数の集合の中では、計算するという行為が可能です。二つの数を足すとか、かけるとかして、新しい数をつくり出す演算です。

あるいは、二つの数の間の差を計算して、その差の大小を比較することもできます。これは二つの数の「近さ」を考えることにあたります。また、実数の集合を数直線として表現することによって、実数の区間、すなわち線分の長さを問題とすることもできます。さらに、平面や空間の中の点の集合を考えることで、われわれはごく自然に二つの点の間の距離を考えることができます。ここでも、2点間の距離を測ることによって、二つの点の「近さ」を問題にしたり、線分の長さを測ることによって、合同の概念を考えたり、三角形や四角形などの図形の面積を計算したりできるのです。

　このように数の集合や点の集合では、たんに数や点が集まっているというだけでなく、その中に様々な「構造」を考えることができます。上の例でいうと、数の計算ができる「代数構造」、差を問題にして、数同士の近さを考えたり、2点の間の距離を測る「位相構造」、線分の長さを考えて、図形の面積を測る「測度構造」などです。

　ここでは、このような集合の基本的な構造のうち、「位相構造」とよばれるものを取り上げて、その性質を調べていきます。

位相という言葉

　位相構造とはこれまでの直感的な話のように、集合の元の「近さ」を考えようという構造で、これは関数の連続性などに密接に関係してくるものです。

　集合の中に距離を決めることができる場合は、その距離を使って「近さ」を決められますが、距離を使うことなく「近さ」を決めることができるのでしょうか。これがこれからの

基本テーマです。

　ところで、位相という言葉は日常言語として使うことはあまりありませんが（日常の話し言葉として位相を使う人はあまり位相にない！　これは誤植ではありません）、それでも完全な数学用語ということでもなく、普通の本の中にときどき姿をみせます。どのような文脈で使われているのかちょっと調べてみましょう。

「パルメニデスからリルケ、エリオットにいたるまでのほぼ二千年にわたる西欧文学の流れを通観した『円環の変貌』は、もちろんフローベール論で展開されたテクストの「内空間」を賦活する想像力の問題だけでは括りきれない長大な射程をもっている。しかし、さまざまな「変貌」の位相を記述しながらも、円環というトポスそのものから離れることがなかったプーレの発想をつきうごかしていたものは何か」（『都市空間のなかの文学』前田愛、ちくま学芸文庫）

　いささか長い引用になってしまいました。ここには位相という言葉が使われています。どうやら「場面場面で異なるいろいろな変容の様子」といった意味に使われているようです。集合の場合にならって、今度は国語辞書を調べてみると、

いそう【位相】1. 周期的に繰り返される現象の一周期のうち、ある特定の場面。2. 男女・職業・階級などの違いに応じた言葉の違い。3.（数学）抽象空間で極限や連続の概念を定義する基礎となる数学的構造。

（岩波国語辞典第四版、一部省略）

とあります。

　上の引用文はどうやら 1. の意味で「位相」という言葉を

使っているようです。本書ではもちろん、3. の意味でこの言葉を使います。物理学でも位相という用語を使いますが、これは 1. の意味で使うことが多いようです。

上の定義では、「抽象空間」という言葉が出てきました。これは集合ということとほぼ同じ意味に考えておいていいでしょう。集合の元を抽象的な点とみなすとき、この集合を（抽象）空間と呼んでいると考えましょう。

空間とは何か

ところで「空間」といえば、私たちになじみが深いのは、われわれが住んでいるこの空間です。この空間の中では、離れた 2 点の間の距離を測ることができます。距離が測れるということから、近いとか、遠いとか、あるいは同じ長さであるという感覚が生まれ、その感覚をもとにして、様々な数学的概念が生まれてきました。

数学的には、平面は 2 次元の「空間」であり、直線は 1 次元の「空間」です。さらに、点は「0 次元の空間」ともいいます。したがって、n 次元空間の一般論を展開すると、われわれの平面や空間についての知識も得られます。しかし、一足飛びに n 次元空間を扱うというのは、いかにも数学の独善的な考えのような気がします。n 次元空間のイメージを形づくるためにも、中学校以来慣れ親しんできた平面や空間、直線を大切にしたいものです。

そこでまずこの空間、平面、直線を調べることから始めましょう。

5.2　ユークリッド空間、はじめの一歩

　空間や平面、直線を点の集まり、すなわち「点の集合」と
みる考えはすでに検討しました。驚いたことに（読者の皆さ
んも驚いたでしょうか）、点の集合としての平面や直線、空間
は、基数という視点からみると区別がつかないというのが、
主要な結論でもありました。

　では、基数という視点以外に、この点の集合を研究するこ
とができないだろうか、というのが、まず初めの問題です。

　われわれは中学校以来、この空間の中の点を 3 本の座標軸
と座標を使って表してきました。普通は、平面上の点を座標
に表すことから始めて、空間内の点の位置を座標を使って表
すことを考えます。そして、座標を使うことによって、空間
内のいろいろな図形を方程式を用いて表現できるようになり
ました。これがデカルトに始まる解析幾何学です。

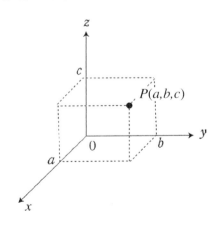

図 5.1
空間の座標

ピタゴラスの定理

われわれは点の位置を座標を使って表し、それを用いて2点間の距離を次の式で「測る」ことができます。なお、集合の記号を使って、座標平面を R^2、座標空間を R^3 と書くことにします。

> **[定義]**　座標空間 R^3 内の2点を $p(x,\,y,\,z),\,q(x',\,y',\,z')$ とする。このとき
>
> $$\sqrt{(x-x')^2 + (y-y')^2 + (z-z')^2}$$
>
> を2点 $p,\,q$ の距離といい、
>
> $$d\,(p,\,q)$$
>
> と書く。

この距離はわれわれになじみ深い距離で、ピタゴラスの定理をその基盤としています。すなわち、3辺の長さが $a,\,b,\,c$ である直方体の対角線の長さが

$$\sqrt{a^2 + b^2 + c^2}$$

で与えられるということにほかなりません。

この式で、とくに $p,\,q$ が xy 平面上にあれば、$z = z' = 0$ ですから上の式は

$$d\,(p,\,q) = \sqrt{(x-x')^2 + (y-y')^2}$$

となり、さらに退化して $p,\,q$ が x 軸上にあれば、$y = y' = 0$

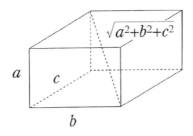

図 5.2
ピタゴラスの定理

ですから、

$$d\,(p,\,q) = \sqrt{(x - x')^2}$$

となります。

これらをそれぞれ、「平面上の 2 点間の距離」、「直線上の 2 点間の距離」といいます。直線上の距離は、

$$\sqrt{(x - x')^2} = |x - x'|$$

だから、絶対値を使った普通の距離です。

> **[定義]**　上のように距離が決められた集合 R^3, R^2, R をそれぞれ、3 次元ユークリッド空間、2 次元ユークリッド空間、1 次元ユークリッド空間という。

　直線や平面を空間と呼ぶのは、最初のうちは違和感があるかもしれません。数学では多くの対象を一般化して扱うのが普通で、「ユークリッド空間」という言葉もその一つです。結局、空間とはその理論がよって立つ基盤というほどの意味で使っているにすぎないのです。

実際は、1次元ユークリッド空間とは数直線のことであり、2次元、3次元のユークリッド空間とは、中学校以来親しんできた座標平面、座標空間のことです。

上のように決められた「距離」は、われわれの日常的な距離とまったく一致しています。そして、次のような性質を持ちます。

ユークリッド(前330?～前275?)
いろいろと謎の多い人物。著書
『原論』が有名だが、これはいくつかの簡単な公理（例えば「平行線は交わらない」）から、幾何学を首尾一貫した論理的体系として組み上げたものである。

［定理］ 3次元ユークリッド空間の距離は、次の性質を持つ。

(1) $d(p, q) \geqq 0$ かつ $d(p, q) = 0 \iff p = q$

(2) $d(p, q) = d(q, p)$

(3) $d(p, q) \leqq d(p, r) + d(r, q)$

［証明］ (1) 定義より明らかに $d(p, q) \geqq 0$ かつ、定義より

$$\sqrt{(x - x')^2 + (y - y')^2 + (z - z')^2} = 0$$

$$\Leftrightarrow x = x', \ y = y', \ z = z'$$

すなわち、

$$d(p, q) = 0 \ \Leftrightarrow \ p = q$$

(2)　$(x - x')^2 = (x' - x)^2$ などより明らか。

(3)　3 点 p, q, r の座標を、それぞれ $p(x, y, z)$,
　　　$q(x', y', z')$, $r(x'', y'', z'')$ とする。

　ここで簡単のため、

$$x - x'' = a, \ y - y'' = b, \ z - z'' = c$$
$$x'' - x' = a', \ y'' - y' = b', \ z'' - z' = c'$$

とおくと、

$$x - x' = a + a', \ y - y' = b + b', \ z - z' = c + c'$$

となるから、証明すべき式は

$$\sqrt{(a + a')^2 + (b + b')^2 + (c + c')^2}$$
$$\leqq \sqrt{a^2 + b^2 + c^2} + \sqrt{a'^2 + b'^2 + c'^2}$$

となる。

　両辺とも正なので 2 乗して整理すると、証明すべき式は、

$$aa' + bb' + cc' \leqq \sqrt{(a^2 + b^2 + c^2)(a'^2 + b'^2 + c'^2)}$$

となる。

　ここで、左辺が負ならこの不等式は当たり前（右辺は負にならない）だから、左辺も正として、もう一度 2 乗して整理

すると、最終的に証明すべき式は、

$$(aa' + bb' + cc')^2 \leqq (a^2 + b^2 + c^2)(a'^2 + b'^2 + c'^2)$$

となる。

シュワルツの不等式

　この不等式は「シュワルツの不等式」として知られている有名な不等式ですが、念のため証明を紹介しておきます。

[シュワルツの不等式の証明]

　t についての次の 2 次関数 $f(t)$ を考える。

$$f(t) = (at + a')^2 + (bt + b')^2 + (ct + c')^2$$

　右辺を展開整理すると、

$$\begin{aligned} f(t) = {} & \left(a^2 + b^2 + c^2\right) t^2 + 2(aa' + bb' + cc')t \\ & + (a'^2 + b'^2 + c'^2) \end{aligned}$$

となる。

　ところで、この関数はすべての t に対して $f(t) \geqq 0$ なので、判別式は、負または 0。したがって、

$$(aa' + bb' + cc')^2 - \left(a^2 + b^2 + c^2\right) \left(a'^2 + b'^2 + c'^2\right) \leqq 0$$

すなわち、

$$(aa' + bb' + cc')^2 \leqq \left(a^2 + b^2 + c^2\right) \left(a'^2 + b'^2 + c'^2\right)$$

［証明終］

　3 次元ユークリッド空間の距離についての定理で紹介した
（3）の不等式を「三角不等式」といいます。これは三角形の
2 辺の和は他の 1 辺より大きい、というよく知られた性質を
表しています。上の定理に即していえば、p から q へ行くの
に途中寄り道して r に寄って行けば、道のりは必ず遠くなる
ということにほかなりません。

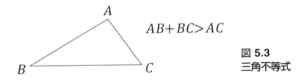

$$AB + BC > AC$$

図 **5.3**
三角不等式

　小説家菊池寛は、「数学なんて役に立たない。道を歩くと
き、三角形の 2 辺の和が他の 1 辺より大きいという定理だけ
が役に立つ」というようなことをいいました。そして、その
定理は子どもでも分かる定理だといいたかったようです。こ
の発言の出典を調べると、「東京文理科大学新聞」（1936 年
12 月）のようです（『数学を愛した作家たち』片野善一郎、新潮新書）。
　たしかに、三角不等式は内容としては自明な事柄だという
考え方は成り立ちますが、数学はそのような自明と思われる
知識を、経験的な知識ではなく、演繹的な知識として証明し
てきました。ここに数学という学問のよって立つ基盤もあり
ます。ここでは、それを確認しましょう。

5.3 数直線

位相空間としての数直線

　この節では、とくに数直線（1 次元ユークリッド空間）の
性質について詳しく調べます。

　数直線はすでに小学校の段階でも、数が無限に大きくなっ
ていくことのイメージとして学んできましたし、中学、高校
ではそのイメージをもとに様々な数学を展開してきました。
その数直線を距離をもとにして、もう一度眺め直します。

　そもそも、実数を直線上の点として表すのは、次のような
原理によります。

　すなわち、直線上に一つの定点をとり、それを原点 o とし
ます。さらに、もう一つの定点 e を o の右にとって、線分 oe
の長さを単位の長さ 1 と決めます。このとき、直線上の任意
の点 p について、原点から測った向きのついた長さ $x = op$
を点 p の座標といい、この座標と p を対応させるのです。

　したがって、数直線上に目盛る値は基本的には、原点から
の向きのついた長さです。ここに、たとえば角をラジアンで
測らなければならない理由もあります。$60°$ という角を数直
線上に目盛ることを考えてみましょう。$60°$ は円周を 360 等
分した 60 個分という割合であって、このままでは 60 という
数を数直線上に目盛ることができません。ところが、$\frac{\pi}{3}$ ラジ
アンは実際の長さであり、これは数直線上に目盛ることがで
きます。すなわち、角は長さ（ラジアン）で表さないと数直
線上には表現できないのです。

　このようにして数直線上の点と実数が対応します。対応し

た数はその点の座標を表すと考えます。点 p の座標が x であることを、

$$p(x)$$

と書きましょう。

したがって、前に定義した通り、数直線上の 2 点間の距離は、次の式で表されます。数直線上の 2 点を $p(x)$, $q(y)$ とすれば、

$$d(p, q) = \sqrt{(x - y)^2} = |x - y|$$

となります。

[例題]　上の距離を使って、数直線上の 4 点 $A(a)$, $B(b)$, $C(c)$, $D(d)$ について、次の式が成り立つことを証明せよ。

$$d(A, B)\, d(C, D) + d(A, D)\, d(B, C)$$
$$= d(A, C)\, d(B, D)$$

[解]　数直線上に図 5.4 のように点が並んでいるとする。

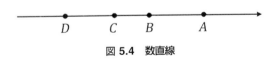

図 5.4　数直線

距離の式を入れて左辺を計算すると、

$$|a - b|\, |c - d| + |a - d|\, |b - c|$$
$$= (ac - ad - bc + bd) + (ab - ac - bd + cd)$$
$$= ab - ad + cd - bc = (a - c)(b - d)$$

これは右辺に等しい。直線上の点が他の位置関係にあるときも同様。　　　　　　　　　　　　　　　　　　　　［終］

この式を「オイラーの公式」ということがあります。オイラー（Leonhard Euler 1707〜1783）は 18 世紀の代表的な数学者で、数学の様々な分野にオイラーの名がつく定理を残しています。

「近く」を定義する

さて、距離を使うと数直線上の点（数）について、その点の「近く」という概念が定義できます。

> **［定義］**　数直線 R 上の点 a について、 a から距離 ε（イプシロン）$(\varepsilon > 0)$ 未満の点の全体を「a の ε 近傍」といい、
>
> $$U_\varepsilon(a) = \{x \mid |x - a| < \varepsilon\}$$
>
> と書く。

ε は、以後、小さな正の数を表す記号として使いますが、必ずしも小さな数でなくてもかまいません。ただ、その場合は「近く」というイメージではなくなります。

さて、ε 近傍というのは「ある点の近く」ということを数学として表現したものですが、次の性質を持っています。

［例題］　数直線 R 上の二つの異なる点 a, b について、 a の ε 近傍で b を含まないものがあることを証明せよ。

[解]　$|a - b| = x$ とすると、$x > 0$。したがって、

$$0 < \varepsilon < x$$

となる実数 ε がとれる。たとえば、$\varepsilon = \frac{x}{2}$ とすればよい。

このε に対し、

$$b \notin U_\varepsilon$$

となる。　　　　　　　　　　　　　　　　　　　　　　　　[終]

この例題はあまりに当たり前と思われるかもしれませんが、これからの議論でもっとも基本となることです。すなわち、数直線上の a にどんなに近い点 b をとっても、b よりもさらに a に近い点があります。

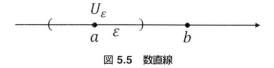

図 5.5　数直線

これが、数直線の上の「近い」という構造が持っている性質なのです。

近傍のタマネギ構造

ここで a の ε 近傍全体の幾何学的なイメージをつくっておきましょう。これは数直線上の各点に対して、ちょうどタマネギのような「同心円」（1 次元なので円ではなく、「同心区間」ですが）をつくっています。もちろん、$\varepsilon_1 < \varepsilon_2$ なら、

$$U_{\varepsilon_1}(a) \subset U_{\varepsilon_2}(a)$$

となっています。これが「タマネギ構造」という意味です。

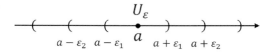

U_ε

$a - \varepsilon_2 \quad a - \varepsilon_1 \quad a \quad a + \varepsilon_1 \quad a + \varepsilon_2$

図 5.6　タマネギ構造

このタマネギ構造の近傍が「より近い」という感覚を実現していることに注意してください。近い、遠いという感覚は、最初に述べたように、比較して初めて分かることですが、近傍がタマネギの皮のような重層的な構造を持つので、

$$U_{\varepsilon_1}(a) \subset U_{\varepsilon_2}(a)$$

であるなら、$U_{\varepsilon_1}(a)$ に入る点の方が $U_{\varepsilon_2}(a)$ に入る点より a に近いといえそうです。

さて、このタマネギ構造のいちばん大きな特徴は、次の2点にあります。

（1）　数直線上の異なる2点 a, b については、その近傍を「小さく」とることによって、上の例題のように、a の近傍で b を含まないものがとれる。

平たくいうと、この点とあの点は違う点であることがはっきりする。

（2）　しかし、異なる2点 a, b について、その近傍は同じ構造を持っている。

ようするに数直線に近傍を入れることによって、ここことあ

そこは違っている。でも、あそこへ行ってみたらここと同じ風景がみえた、ということです。

　次に、数直線上の区間の性質について調べましょう。

　[定義]　両端を含んだ区間を閉区間、両端を含まない区間を開区間といい、それぞれ

$$\{x \mid a \leqq x \leqq b\} = [a, b]$$
$$\{x \mid a < x < b\} = (a, b)$$

と書く。

　この開区間、閉区間については、これまでも出てきましたが、きちんと定義すると、上記のように書けます。例をあげながら、詳しくみていきましょう。

[例 1]　a の ε 近傍 $U_\varepsilon(a)$ は、開区間 $(a - \varepsilon,\, a + \varepsilon)$。

　[定理]　開区間 (a, b) 内の任意の点 x について、

$$U_\varepsilon(x) \subset (a, b)$$

となる x の ε 近傍 $U_\varepsilon(x)$ がある。

[証明]　$x \in (a, b)$ とする。したがって $x \neq a, b$。ここで、

$$|a - x|,\ |b - x|$$

の小さい方を d として、

$$0 < \varepsilon < d$$

となるように ε をとると、

$$U_\varepsilon(x) \subset (a, b)$$

となる。 ［証明終］

　一方、閉区間 $[a, b]$ が上の性質を持たないことは、x として端の点 a または b をとってみれば分かります。たとえば点 a について、どんなに小さな ε をとっても $U_\varepsilon(a)$ の半分は閉区間 $[a, b]$ からはみ出してしまいます。

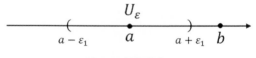

図 5.7　はみ出す ε

ε 近傍による開集合

　この閉区間と開区間の違いはあまり大したことではないように思えますが、じつはそうではないことが次第に分かってきます。

　区間が両端の 2 点を含んでも含まなくても、集合の基数としては同じものでした。しかし、位相を考えるとまったく異なってくるのです。それを調べるために、まず開区間と同じような性質を持つ集合について調べましょう。

> **［定義］**　数直線上の集合 A が次の性質を持つとき A を開集合という。
>
> 　$A \ni x$ となるすべての x に対して
>
> 　　$U_\varepsilon(x) \subset A$
>
> となる x の ε 近傍 $U_\varepsilon(x)$ が存在する。

開区間は、開集合の例です。ほかの例を示します。

［例 2］　無限に延びた開区間 $(-\infty, b)$ あるいは (a, ∞) は開集合である。

図 5.8　無限に延びた開区間

［例 3］　数直線は開集合である。また、一点 $\{a\}$ は開集合でない。

　数直線上のどの点をとっても、そのすべての ε 近傍が数直線に含まれることは明らかです。

図 5.9　数直線

［例 4］　空集合は開集合である。

　これは約束と考えてもらってもいいのですが、空集合は元

を含まないから上の定義の命題はつねに正しくなります。

[例 5] 開区間 $(0, 2)$ から一点 1 を抜いた集合も開集合である。

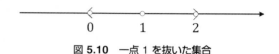

図 5.10　一点 1 を抜いた集合

　これは二つの開区間 $(0, 1)(1, 2)$ の和集合です。一般に、次の［例 6］が成り立ちます。

[例 6] 無限個も含めて、いくつかの開区間の和集合は開集合である。

　これは次の定理で証明します。

［定理］ 開集合について次が成り立つ。

（1）　数直線 R 自身は開集合である。

（2）　空集合 ϕ は開集合である。

（3）　A_α を開集合とする。無限個も含めて和集合

$$\bigcup_\alpha A_\alpha$$

は開集合である。

（4）　$A_1, A_2, \cdots, A_n$ を開集合とする。このとき共通部分

$$\bigcap_{i=1}^{n} A_i$$

は開集合である。

[証明] （1）、（2）は、上の例で示したとおり。

（3）$\bigcup_{\alpha} A_\alpha \ni x$ とする。したがって、x はある A_α に入る。

A_α は開集合だから、x のある ε 近傍 $U_\varepsilon(x)$ で、$U_\varepsilon(x) \subset A_\alpha$ となるものがある。もちろん、

$$U_\varepsilon(x) \subset A_\alpha \subset \bigcup_{\alpha} A_\alpha$$

となるから、$\bigcup_{\alpha} A_\alpha$ は開集合である。

（4）$\bigcap_{i=1}^{n} A_i \ni x$ とする。

したがって、すべての i について、$x \in A_i$。A_i は開集合だから、x の ε_i 近傍 $U_{\varepsilon_i}(x)$ で、$U_{\varepsilon_i}(x) \subset A_i$ となるものがある。

ここで、$\{\varepsilon_1, \varepsilon_2, \cdots, \varepsilon_n\}$ の最小数を ε とすると、x の ε 近傍 $U_\varepsilon(x)$ はすべての i について、

$$U_\varepsilon(x) \subset U_{\varepsilon_i}(x) \subset A_i$$

となる（これが前に述べた近傍のタマネギ構造です）。

したがって、

$$U_\varepsilon(x) \subset \bigcap_{i=1}^{n} A_i$$

となり、

$$\bigcap_{i=1}^{n} A_i$$

は開集合である。 　　　　　　　　　　　　　　　　　［証明終］

このように、有限個の開集合の共通部分は開集合となります。しかし、無限個の開集合の共通部分は開集合とならないことがあります。これは後で例題としてその例を示しますが、両端が入っていないということが本質的に関係してきます。

閉集合とは何か

開集合と対になる概念が閉集合です。

> **[定義]** 数直線 R 上の集合 B に対して、 B の補集合 $R - B$ が開集合のとき、 B を閉集合という。したがって、閉集合の補集合は開集合である。

閉集合の例をあげてみます。

[例 7] 閉区間 $[a, b]$ は閉集合である。

閉区間 $[a, b]$ の補集合は、

$$R - [a, b] = (-\infty, a) \cup (b, \infty)$$

です。これは、二つの開集合の和集合だから開集合となります。

[例8]　一点 $\{a\}$ は、閉集合である。

　一点 $\{a\}$ の補集合は $(-\infty, a) \cup (a, \infty)$ だから開集合です。

[定理]　閉集合について、次が成り立つ。

（1）　数直線 R 自身は閉集合である。

（2）　空集合 ϕ は閉集合である。

（3）　B_α を閉集合とする。無限個も含めての共通部分

$$\bigcap_\alpha B_\alpha$$

は閉集合である。

（4）　$B_1, B_2, \cdots, B_n$ を閉集合とする。このとき和集合

$$\bigcup_{i=1}^n B_i$$

は閉集合である。

[証明]　この証明には、第1章で紹介した「ド・モルガンの定理」を使う。

（1）、（2）　$R - R = \phi, R - \phi = R$ より、数直線 R、空集合 ϕ は閉集合。

（3）　ド・モルガンの定理により、

$$\left(\bigcap_\alpha B_\alpha\right)^c = \bigcup_\alpha B_\alpha^c$$

つまり、

$$R - \bigcap_\alpha B_\alpha = \bigcup_\alpha (R - B_\alpha)$$

$R - B_\alpha$ は開集合だから、前に述べた定理により、

$$\bigcup_\alpha (R - B_\alpha)$$

も開集合。よって、$\bigcap_\alpha B_\alpha$ は閉集合。

(4) (3)と同様にド・モルガンの定理により、

$$R - \bigcup_{i=1}^n B_i = \bigcap_{i=1}^n (R - B_i)$$

$R - B_i$ は開集合だから、前に述べた定理により、

$$\bigcap_{i=1}^n (R - B_i)$$

は開集合。よって、$\bigcup_{i=1}^n B_i$ は閉集合。　　　　　　　[証明終]

　これらの定理で、たとえば開集合については、有限個の開集合の共通部分は開集合になりますが、無限個の開集合の共通部分は必ずしも開集合とならないことに再度注意しておきましょう。次のような例があります。

[例題]　$A_n = \left(-\frac{1}{n}, \frac{1}{n}\right)$ とする。このとき、

$$\bigcap_{n=1}^{\infty} A_n$$

は開集合とならないことを証明せよ。

[解]　直感的には、この共通部分は $\{0\}$ しかない。じつは、この直感は正しい。それを証明しよう。

$\bigcap_{n=1}^{\infty} A_n$ が 0 以外の点 a を含んでいたとする。

したがって、$|a| > 0$

ここで、$\lim\limits_{n \to \infty} \frac{1}{n}$ だから、$\frac{1}{n} < |a|$ となる n がある。

よって、この n について $\left(-\frac{1}{n}, \frac{1}{n}\right) \not\ni a$ となり、

$\bigcap_{n=1}^{\infty} A_n \ni a$ に反する。

すなわち、$\bigcap_{n=1}^{\infty} A_n$ は 0 以外の数を含まない。

また、1 点だけからなる集合は開集合にならないから、上の集合は開集合にならない。　　　　　[証明終]

同様にして、無限個の閉集合の和集合について、次の例があります。

[例題]　$B_n = \left[\frac{1}{n},\, 1 - \frac{1}{n}\right]$　$n = 3, 4, 5, \cdots$ とする。このとき、

$$\bigcup_{n=3}^{\infty} B_n$$

は閉集合とならないことを証明せよ。

[解]

$\bigcup_{n=3}^{\infty} B_n = (0, 1)$ となることを証明しよう。

$(0, 1) \ni x$ とする。

$$\lim_{n \to \infty} \frac{1}{n} = 0, \qquad \lim_{n \to \infty} \left(1 - \frac{1}{n}\right) = 1$$

だから、十分大きな n について、$\frac{1}{n} < x < 1 - \frac{1}{n}$ となり、

$$(0, 1) \subset \bigcup_{n=3}^{\infty} B_n$$

逆に、すべての n について

$$\left[\frac{1}{n}, \, 1 - \frac{1}{n}\right] \subset (0, 1)$$

だから、

$$\bigcup_{n=3}^{\infty} B_n \subset (0, 1)$$

となり、

$$\bigcup_{n=3}^{\infty} B_n = (0, 1) \quad \text{となり、}(0, 1) \text{ は閉集合でない。}$$

［証明終］

位相が入った！

　以上で、数直線という 1 次元空間の上に距離を使って、開集合、閉集合という 2 種類の部分集合を定義することができました。

　距離という概念は、結局、部分集合の差異化に役立ったわけです。

　たんなる集合の場合は、部分集合は部分集合であって、そ

の間に含む、含まれるという量的な違いはありますが、このような質的な違いはありません。部分集合の質の違いを問題とするところに、位相という概念の大切さがあります。こう考えると、国語辞典の位相のところに「言葉の違い」という項目があったのも何となくうなずけます。

ところで、数直線上の部分集合は開集合、閉集合以外にもいろいろあります。

数直線上の部分集合は、次の4種類に分類できます。

1.　開集合だが閉集合でないもの：開区間 $(0, 1)$ など
2.　閉集合だが開集合でないもの：閉区間 $[0, 1]$ など
3.　開集合であり同時に閉集合でもあるもの：数直線 R 自身と空集合 ϕ
4.　開集合でも閉集合でもないもの：半開区間 $(0, 1]$、有理数全体など

数直線 R 上にこのように開集合（あるいは閉集合）を定義することによって、数直線には「位相が入った」といいます。

開集合を定義するといういい方は、少しなじみにくいかもしれません。ようするに、いまの場合は距離を使って、これこれの集合たちを開集合と決めますよ、という宣言をしたと考えるといいでしょう。

数直線 R の位相とは、結局、R がこの「開」「閉」「開かつ閉」「開でも閉でもない」という4種類の部分集合を持つという構造からできています。つまり、直線の位相構造とは、部分集合に質的な差異を設けることによって、それらを分類するものなのです。

ただの集合では、すべての部分集合は部分集合として同等

であり、それらの間には「含む」「含まれる」という量的な違いはありますが、質的な違いはないと考えています。

ところが、開集合たちを決めるという位相を入れることによって、部分集合はこのように4種類に分類できるようになります。この集合の質の違いが、どのように有効なのかはこれから調べていきます。

最後に、開集合と閉集合の違いを数列によって述べておきます。

[例9]　(1)　A を開集合とする。各項が A 内の数である数列を $\{a_n\}$ とする。$\{a_n\}$ が収束するときでも、その極限値は A に入るとは限らない。

これは、たとえば、

$$A = (0, 2), \quad a_n = \frac{1}{n} \ (n = 1, 2, 3, \cdots) \in A$$

を考えてみると分かります。

この数列は明らかに0に収束していますが、極限値の0は、A には入っていません。

(2)　一方、B を閉集合とし、各項が B 内の数である数列を $\{b_n\}$ とします。$\{b_n\}$ が収束するなら、その極限値は必ず B に入ります。

いま

$$\lim_{n \to \infty} b_n = \beta, \quad b_n \in B, \quad B \text{ は閉集合}$$

とします。

226

　$\beta \notin B$ とすれば、$\beta \in R - B$ です。

　ところで、$R - B$ は開集合だから、β の ε 近傍 $U_\varepsilon(\beta)$ で、$U_\varepsilon(\beta) \subset R - B$ となるものがあります。

　ところが、$\lim_{n \to \infty} b_n = \beta$ だから、十分大きな n について、

$$|b_n - \beta| < \varepsilon \ \text{すなわち、} \ b_n \in U_\varepsilon(\beta) \subset R - B$$

となりますが、これは $b_n \in B$ に反します。

　これが開集合と閉集合の質的な差異にほかなりません。繰り返しになりますが、端の点を含むかどうかは基数という量としては問題になりませんでしたが、位相という質としては大きな問題になるのです。

　では、この開集合、閉集合の構造によって、数直線のどのような性質が分かるのでしょうか。次にそれを調べることとします。

5.4　関数の連続性、ε-δ 論法とは何だったのか

連続ということ

　微分積分学の最初でもっとも大切な概念は、実数から実数への関数 $f : R \to R$ の「連続性」です。関数の連続性は、直感的にはそのグラフが一つのつながった曲線になっているというイメージで表されます。すなわち、「連続である ＝ 切れ目」がない、ということにほかなりません。これは、高等学校では次のように表されます。

> **［定義］** $f : R \to R$ を関数とする。実数 a に収束する任意の数列 $\{x_n\}$ について、
>
> $$\lim_{n \to \infty} f(x_n) = f(a)$$
>
> となるとき、f は a で連続であるという。また、すべての a で連続のとき、f は連続であるという。

　これは、変数 x が a に近づくなら、$f(x)$ は $f(a)$ に近づくということを表していて、たしかに関数が連続であるということの一つの表現になっています。

　ところで、この定義には一つ問題があるのです。それは、「収束する」という言葉の意味が正確に定義できていないということです。高校までの段階では、いくらでも近づくという「文学的」（?）な表現ですませていました。われわれも、いままではそれですませていました！　たしかに、この表現で分からないわけではありません。「いくらでも近づく」といわれると納得できる部分はたくさんあります。たとえば、

数列 $\left\{\dfrac{1}{n}\right\}$ は、n を大きくすればいくらでも 0 に近づく

という表現で、この数列の極限のふるまい方は納得できるでしょう。しかし、残念ながら、いくらでも近づくという感覚的な表現だけでは、収束という概念の数学的構造を解析することができないのです。つまり、感覚では納得できても分析はできません。

　そこで大学初年では、これを次のようにいい換えることが

あります。

［定義］　$f : R \to R$ を関数とし、a を実数とする。任意の正数 $\varepsilon > 0$ に対して、

$$|x - a| < \delta \text{ なら } |f(x) - f(a)| < \varepsilon$$

となるような δ がとれるとき、f は a で連続であるという。また、すべての a で連続のとき、f は連続であるという。

これを「ε - δ 式の定義」といいます。

じつは、この定義は大学の数学の一つの関門で、分かりにくいといわれています。しかし、少し慎重に定義を分析してみると、この定義が決して突拍子もないものではないことが分かります。

関数が連続であることを分析するには、関数が連続でないということを分析する必要がある、これが最大のポイントなのです。つながっていないじゃないかと主張する者を仮想し、それを否定することによってつながっていることを確認するという二重構造（弁証法的理解！）が、この定義を分かりにくくしているのだと思います。

ε-δ とは後手必勝のゲーム

集合の章で、自然数が無限にあることのたとえとして、2人のプレーヤーが大きな数をいい合うというゲームを考えたことを思い出してください。この ε-δ 式の連続性の定義が、

まさにそのゲームそのものになっているのです。数の場合は
「足す1」という行為だったので分かりやすかったのですが、
今度のゲームはもう少し抽象度が上がり、見た目には難しそ
うです。しかしこの場合も、先手が「この ε より近づけない
だろう」というと、後手が「そんなことはない。δ をこうと
れば ε より近づける」という、結局、この ε-δ ゲームでは ε
を持った先手に対して、δ を持った後手が必勝だというのが
関数の連続性にほかなりません。

　これをもう一度、図で確認しましょう。

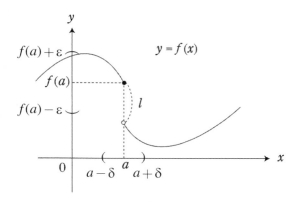

図5.11　不連続な関数

　関数が連続でないとは、上の図のような状態をいいます。
　図から分かるように、a の近くの点でも $f(a)$ の近くに移
らない点があります。ところで、われれはすでに「近くの点」
という概念を「近傍」という言葉で定義しておきました。「近
く」という概念の出番がやってきたのです。

230

　関数 f は必ずしも a の近くの点を $f(a)$ の近くに移さない、ということを近傍という言葉を使っていい表してみます。

　まず $f(a)$ の近くの点をとります。すなわち、$f(a)$ の ε 近傍 $U_\varepsilon(f(a))$ をとります。これは、$f(a)$ を中心とする幅 2ε の開区間 $(f(a) - \varepsilon, f(a) + \varepsilon)$ です。

　次に、a の近くの点をとります。すなわち、a の δ 近傍 $U_\delta(a)$ をとります。これは a を中心とする幅 2δ の開区間 $(a - \delta, a + \delta)$ です。

　もう一度、図 5.11 のグラフをみましょう。もし、ε があまり小さくないとしたら、δ を小さくとっておけば、たしかに開区間 $(a - \delta, a + \delta)$ は、f によって開区間 $(f(a) - \varepsilon, f(a) + \varepsilon)$ の中に移されることが分かります。

　しかし、ε をたとえば、図の長さ l の半分より小さくとっておくと、δ をどんなに小さくとったとしても、開区間 $(a - \delta, a + \delta)$ を開区間 $(f(a) - \varepsilon, f(a) + \varepsilon)$ の中に移すことはできません。後手の負けです！

　つまり、この場合、関数 $f(x)$ は点 a で不連続です。

　ここで振り返って、ε-δ による関数の連続性の定義を調べてみると、この定義は、上のようなことが起こらないことを主張しているのが分かると思います。

　絶対値を使わずに、もう一度定義をいい換えてみます。

［定義］　$f : R \to R$ を関数とし、実数を a とする。$f(a)$ の任意の ε 近傍 $U_\varepsilon(f(a))$ に対して、a の δ 近傍 $U_\delta(a)$ で、

$$f(U_\delta(a)) \subset U_\varepsilon(f(a))$$

となるような δ がとれるとき、f は a で連続であるという。また、すべての a で連続のとき、f は連続であるという。

[例 10] 関数 $y = x^2$ は連続であることを ε-δ で確かめてみましょう。

$x = a$ とし、a^2 の任意の ε 近傍を $(a^2 - \varepsilon, a^2 + \varepsilon)$ とします。ここで、$a - \sqrt{a^2 - \varepsilon}$, $\sqrt{a^2 + \varepsilon} - a$ の小さい方より小さい正数を δ とすると、a の δ 近傍 $(a - \delta, a + \delta)$ は、関数 $y = x^2$ によって、a^2 の ε 近傍 $(a^2 - \varepsilon, a^2 + \varepsilon)$ の中に移されます。

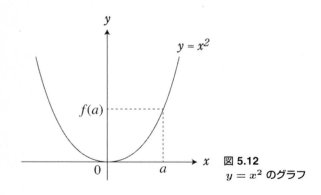

図 5.12
$y = x^2$ のグラフ

実際は、この関数が連続なのは直感的に明らかなので、普通はこんな手間のかかる計算はしませんが、いろいろな関数で ε-δ による連続性を確かめておくのはよい数学的経験とな

ります。

　ところで、われわれはこの定義をさらに「開集合」という概念を使っていい直すことができます。そのために、もう一度、連続性の定義を振り返ります。

5.5　関数の連続性と開集合

開集合を引き戻す

　f を実数上で定義された関数とし、a を任意の実数とします。$f(a)$ のどのような ε 近傍 $U_\varepsilon(f(a))$ をとっても、f によってその中に移されるような a の δ 近傍 $U_\delta(a)$ が存在する。これが近傍による関数の連続性の定義でした。

　以下、このような実数上の連続関数について考えます。

　まず、a は、$f(a)$ の ε 近傍 $U_\varepsilon(f(a))$ が f^{-1} によって戻される範囲に入るから、

$$a \in f^{-1}\left(U_\varepsilon(f(a))\right)$$

です。さらに、連続性の定義より、$f\left(U_\delta(a)\right) \subset U_\varepsilon(f(a))$ で、f^{-1} で元に戻してもこの関係は成り立つので、これを f^{-1} の関係に置き換えると、

$$U_\delta(a) \subset f^{-1}\left(U_\varepsilon(f(a))\right)$$

となります。すなわち、a の δ 近傍で $f(a)$ の ε 近傍の逆像に含まれるものがとれます。

　ところが、この関係式は、左辺の a を、$f^{-1}\left(U_\varepsilon(f(a))\right)$ に含まれる任意の点 b に置き換えても成り立つのです。

いま、$b \in f^{-1}(U_\varepsilon(f(a)))$ とします。

よって、$f(b) \in U_\varepsilon(f(a))$ です。$U_\varepsilon(f(a))$ は開集合だから、$f(b)$ の ε_1 近傍 $U_{\varepsilon_1}(f(b))$ で、

$$U_{\varepsilon_1}(f(b)) \subset U_\varepsilon(f(a))$$

となるものがあります。

ここで、f は連続だから、b のある δ 近傍 $U_\delta(b)$ で

$$f(U_\delta(b)) \subset U_{\varepsilon_1}(f(b))$$

となるものがあります。すなわち、この関係の逆像 f^{-1} を考えると、$U_\delta(b) \subset f^{-1}(U_{\varepsilon_1}(f(b))) \subset f^{-1}(U_\varepsilon(f(a)))$ となります。

これは $f^{-1}(U_\varepsilon(f(a)))$ が開集合であることを示しています。すなわち、連続関数で開区間を引き戻した集合は開集合となります。

じつは、一般に次の定理が成り立ちます。

[定理] 実数から実数への関数 $f : R \to R$ が連続である必要十分条件は R の任意の開集合 U に対して、$f^{-1}(U)$ が開集合となることである。

[証明] まず、関数 $f : R \to R$ が連続なら、開集合の逆像が開集合となることを証明する。

U を R の任意の開集合とし、$V = f^{-1}(U)$ とする。

$V \ni a$ とすると、$f(a) \in U$。U は開集合だから、

$$U_\varepsilon(f(a)) \subset U$$

となる $f(a)$ の ε 近傍 $U_\varepsilon(f(a))$ がある。

この近傍に対して、関数の連続性より、

$$f(U_\delta(a)) \subset U_\varepsilon(f(a))$$

となる a の δ 近傍 $U_\delta(a)$ がとれる。

したがって、この逆像 f^{-1} をとれば、

$$U_\delta(a) \subset f^{-1}(U_\varepsilon(f(a))) \subset f^{-1}(U) = V$$

となり、V は開集合。

逆に、関数 f について、開集合の逆像が開集合になっているとする。

$R \ni a$ とし、$f(a)$ の任意の ε 近傍を $U_\varepsilon(f(a))$ とする。

ε 近傍は開集合だから、f の条件より $f^{-1}(U_\varepsilon(f(a)))$ は開集合。

$$a \in f^{-1}(U_\varepsilon(f(a)))$$

だから、

$$U_\delta(a) \subset f^{-1}(U_\varepsilon(f(a)))$$

となる a の δ 近傍 $U_\delta(a)$ がとれる。したがって、

$$f(U_\delta(a)) \subset U_\varepsilon(f(a))$$

となり、f は連続。 ［証明終］

この定理により、関数の連続性は開集合の性質を使っていい換えられました。すなわち、関数の連続性とは「空間の位相構造」に直結する性質だったのです。

ところで、閉集合という概念も開集合という概念を用いて定義されました。したがって、関数の連続性は閉集合を使っても述べることができるはずです。

［例題］　関数 $f: R \to R$ が連続となる必要十分条件は、次が成り立つことである。

　　　　R の任意の閉集合 F について、$f^{-1}(F)$ が閉集合となる

［解］　f が連続であるとし、F を閉集合とする。したがって、$R - F$ は開集合。

　f は連続だから、

　　　　$f^{-1}(R - F)$　　は開集合。

　ところで、第 2 章で調べたように、

　　　　$f^{-1}(R - F) = R - f^{-1}(F)$

だから、

　　　　$f^{-1}(F)$　　は閉集合。

　逆に、関数 f が条件を満たすとする。R の任意の開集合 U について、$R - U$ は閉集合。

　したがって条件より、

　　　　$f^{-1}(R - U)$

は閉集合。ところで、

　　　　$f^{-1}(R - U) = R - f^{-1}(U)$

だから、

$$f^{-1}(U)$$

は開集合。したがって、前に証明した定理により、f は連続関数である。　　　　　　　　　　　　　　　　　　　　　　　　[終]

　これで、開集合、閉集合のいずれを用いても、関数の連続性が定義できることが分かりました。ここで、関数の連続性の定義が逆像を用いていることに注意を払っておきましょう。じつは、関数が連続でも開集合の像が開集合にならないことがあります。

連続性の落とし穴

[例11]　関数 $f : R \to R$ を $y = f(x) = x^3 - 3x$ とする。このとき、開区間 $(-1.5, 1.5)$ の像は閉区間 $[-2, 2]$ となります。

　図 5.13 から、この区間 $(-1.5, 1.5)$ は極大値と極小値を挟んでいて、移った区間は閉区間 $[-2, 2]$ となることが分かります。

　もっと極端な例でいえば、定数関数 $y = c$ は、すべての開集合を 1 点 c に移し、1 点は閉集合だから、たしかに開集合の像が開集合にはなりません。

　このようなとき、開集合という性質は連続関数によって保たれないといいます。連続関数は実数と実数の間を結ぶ重要な関係だから、ほんとうは開集合という性質も連続関数によって保たれている方が望ましいのですが、残念ながらそうならないというのが結論です。

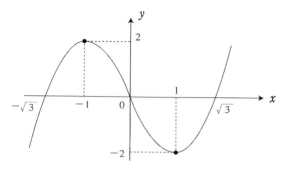

図 5.13 $y = x^3 - 3x$ のグラフ

ところで、同じように、閉集合の連続写像による像が閉集合とならない例も存在するのですが、そちらは上のような単純な例をつくろうとしてもうまくいきません。

閉区間を連続写像で移すと、どうしても閉区間になってしまいます。閉集合の像が閉集合にならない例をつくるには、無限に長い閉集合を使うほかないのです。

これは開区間と閉区間の性質の違いに深く関係しています。そこで話をそちらに進めますが、その前に、無限に長い閉集合が連続関数で閉集合に移らない例をあげておきます。

[例 12] 関数 $f : R \to R$ を $y = \tan^{-1} x$ とする（tan の逆関数）。

このとき閉集合 $[0, \infty)$ の像は、半開区間 $[0, \frac{\pi}{2})$ となり閉集合になりません。

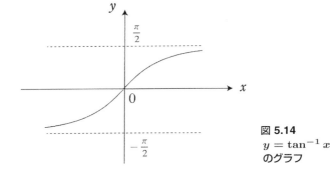

図 5.14
$y = \tan^{-1} x$
のグラフ

5.6　閉区間の性質

コンパクト性とは何か

数直線上の開区間とは、両端を含まない区間

$$(a, b) = \{x \mid a < x < b\}$$

閉区間とは両端を含む区間

$$[a, b] = \{x \mid a \leqq x \leqq b\}$$

のことでした。

両端を含むか含まないかというのは、そうたいしたことではないように思えます。実際、たかが2点 $\{a, b\}$ だけの問題ではないか！　というのがごく普通の感覚だと思いますが、じつはこの2点が入るか、入らないかは大問題なのです。サルとザルでは大違い！　というのは駄洒落です。

古狂歌　世の中は澄むと濁るの違いにて、刷毛に毛があり、禿に毛がなし

239

たとえば、開区間は無限に引き延ばして実数全体に重ねることができます。これは、$y = \tan x,\ -\frac{\pi}{2} < x < \frac{\pi}{2}$ のグラフを考えてみればわかります。

　しかし、閉区間の方は両端の点が邪魔をして、どうしても無限に引き延ばすことができません。

　この性質を数学的にいい表したものを「コンパクト性」といいます。

　コンパクトという概念は、初めて出会う数学の概念のうちでは理解が難しいものの一つですが、開区間のようにみかけは有限の長さだが、両端がないおかげで無限に引き延ばせるもの、ようするに、有限にみえて無限を内包しているものと、閉区間のように本質的に有限とならざるを得ないものとを区別している性質と考えるといいでしょう。

　この本質的な有限性を、コンパクト性というのです。

　では、その定義をみましょう。

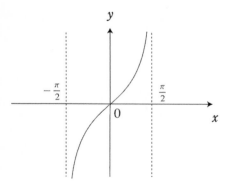

図 5.15
$y = \tan x$ のグラフ

[定義]　数直線 R の部分集合を X とする。開集合の集まり $\{U_\alpha\}$ で、

$$X \subset \bigcup_\alpha U_\alpha$$

となっているものを X の「開被覆」という。

　ここで $\{U_\alpha\}$ は開集合 U_α たちの集まりを表します。どのくらいの集まりか分からないので $\{U_\alpha\}$ と書くことにします。α を動かすと、U_α はいろいろと変わります。これを $\{U_\alpha\}$, $\alpha \in A$ とも書きます。これからは、$\{U_\alpha\}$ と書くことにします。

　この定義は、開集合の集まり $\{U_\alpha\}$ が、全体として X を覆っているということです。

[例 13]　$X = (0, 1)$, $U_n = \left(0, \frac{n}{n+1}\right)$, $n = 1, 2, \cdots$ とすると $\{U_n\}$, $n = 1, 2, \cdots$ は X の開被覆です。

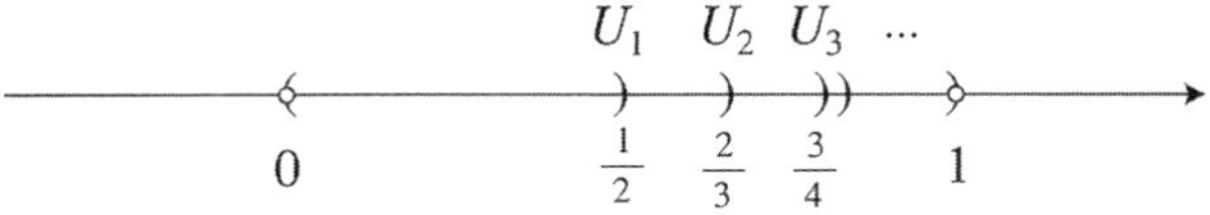

図 5.16　$U_n = \left(0, \frac{n}{n+1}\right)$, $n = 1, 2, \cdots$

[例 14]　$U_n = (n, n+2)$, $n = 0, \pm 1, \pm 2, \cdots$ は数直線 R の開被覆です。

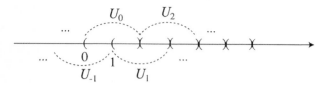

図 5.17 $U_n = (n,\, n+2)$, $n = 0,\, \pm 1,\, \pm 2,\, \cdots$

［例 15］ $X = [0,\, 1]$, $U_n = \left(-\frac{1}{n},\, \frac{1}{n}\right)$, $n = 1,\, 2,\, \cdots$,
$V = \left(\frac{1}{3},\, 2\right)$ とすると、 $\{U_n,\, V\}$, $n = 1,\, 2,\, \cdots$ は全体と
して、 X の開被覆です。

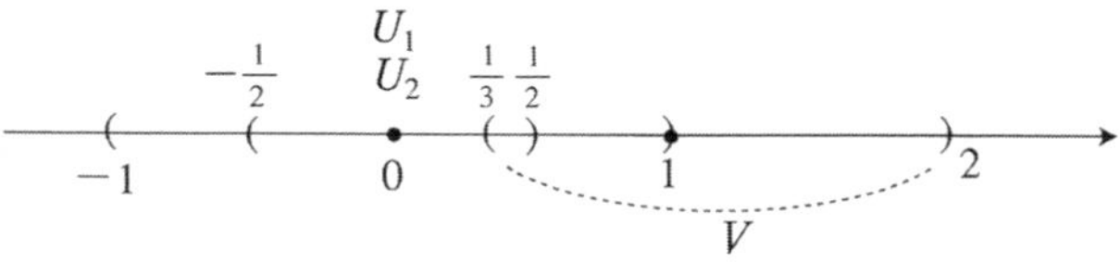

図 5.18 $U_n = \left(-\frac{1}{n},\, \frac{1}{n}\right)$, $n = 1,\, 2,\, \cdots$, $V = \left(\frac{1}{3},\, 2\right)$

［例 16］ $X = \{0,\, \pm 1,\, \pm 2,\, \cdots\}$ を整数全体の集合とし、

$$U_n = \left(n - \frac{1}{2},\, n + \frac{1}{2}\right),\quad n = 0,\, \pm 1,\, \pm 2,\, \cdots$$

とすると、 U_n は X の開被覆です。

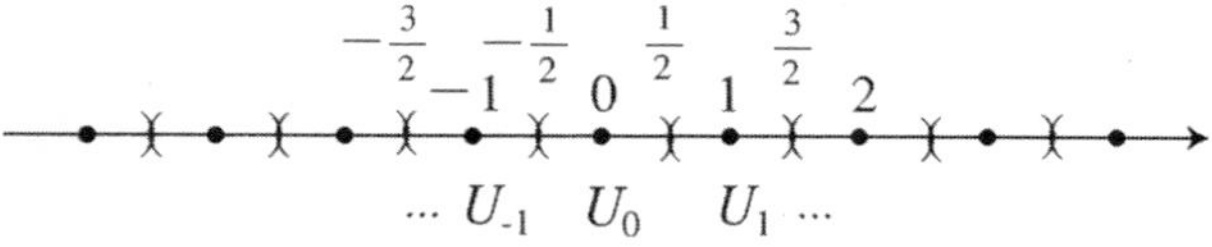

図 5.19 $U_n = \left(n - \frac{1}{2},\, n + \frac{1}{2}\right)$, $n = 0,\, \pm 1,\, \pm 2,\, \cdots$

以上の例で、開被覆とはどんなものかが分かると思います。

ところで、上の例では3番目の例だけが少し違っていることに気づきます。他の例では、開被覆の中から有限個を選んでもとの集合を被覆することができませんが、3番目の例だけは U_1, V の二つだけで閉区間 $[0,1]$ を被覆することができます。これが、閉区間と開区間の違いです。

［定義］　数直線上の集合を X とする。X の任意の開被覆 $\{U_\alpha\}$ に対して、つねにそれらの中から有限個の $U_1, U_2, \cdots, U_n$ を選んで、X が被覆できるとき、すなわち、

$$X \subset U_1 \cup U_2 \cup \cdots \cup U_n$$

とできるとき、X はコンパクトであるという。

これで、本節でもっとも重要な定理を説明する用意ができました。

［定理］　（ハイネ゠ボレルの被覆定理）

閉区間 $[a,b]$ はコンパクトである。

これからこの定理を証明しますが、この証明には実数の連続性を使います。そのために実数の連続性について少し準備をしましょう。

実数の連続性

　第3章において、実数の集合の基数が有理数の集合の基数に比べて、比較にならないほど大きいということを証明しました。そこでは、たんに基数を比較検討してそのような結論を得ましたが、それをもう少し具体的な構造に照らし合わせて考えたものが「実数の連続性」です。

　数直線を考えます。いま、この数直線上には有理数しか並んでいないとします。それでも、みた目には、この数直線上にはびっしりと数が並んでいるようにみえます。実際、大小関係にしたがって有理数を並べているかぎり（数直線上には、たしかに大小の順に有理数が並んでいます）、ある有理数の次の有理数を指定することはできないのだから（この性質を有理数の「稠密性」といいます）、この数直線には隙間がないようにみえます。

　われわれが知っている無理数は $\sqrt{2}$ とか、$\sqrt{3}$ とか、π、e などが一つ一つあるだけだから、それらを数直線から取り去っても、数直線にはいくつかの隙間が空くだけのようにみえます。

　しかし、そうではないというのが集合論でのカントールの対角線論法が教えるところでした。

　有理数だけの数直線には無限に多くの隙間があります。いやいや、それどころではない。有理数だけの数直線では隙間の方が多いのです！　集合論的にいえば、有理数だけの数直線は隙間だけから成り立っていて、その中にわずかに有理数が入り込んでいるのです。

　この無限に延びたザルを、皆さんは感覚的に捉えることが

できるでしょうか。

　実数の世界はわれわれが考えている以上に想像を絶する世界です。その実数の世界の入り口こそ、実数の連続性にほかなりません。

　さて、実数の連続性にはいくつかの同値な公理があります。それを紹介しましょう。いささか耳慣れない用語がたくさん出てきますが、それらについては順次説明していきます。

1.　　有界な単調数列の収束性
2.　　区間縮小法の原理
3.　　有界集合の上限（下限）の存在
4.　　デデキントの切断公理

　この四つの命題はすべて同値で、どれか一つを公理として採用すると、他の三つは定理として証明できます。

有界な単調数列の収束性

　たとえば、$\sqrt{2}$ の小数展開を考えます。これを、小数点以下 n 桁で切ってできる有限小数の数列を $n = 1$ から順に、

　　　1.4, 1.41, 1.414, ⋯

とします。

　この数列は、もちろん有理数からできていて、増加していくだけです。このように増えていくだけ（あるいは減っていくだけ）の数列を「単調である」といいます。

　また、この数列は一定数、たとえば 1.42 を超えません。このように一定数を超えない数列を「有界である」といいます。

　さらに、この数列はもちろん実数の中では $\sqrt{2}$ に収束しま

す。しかし、有理数の中だけで考えていると、$\sqrt{2}$ は無理数
だから極限が存在しないことになります。この例のように、
一方的に増えていくだけの数列（あるいは減っていくだけの
数列）が一定数を超えないなら、必ず収束し極限値を持つと
いうのが、「有界な単調数列の収束性」です。

　有理数の集合の中には、上の例のように極限値を持たない
「有界単調数列」がありますが、実数の集合の中では、

すべての有界単調数列は極限値を持つ

というのが実数の連続性です。

　高等学校では、この性質を使って極限の話をすることが多
いようです。たとえば、自然対数の底 e の存在は、この性質
を使うと証明できます。

$$e = \lim_{n \to \infty} \left(1 + \frac{1}{n}\right)^n$$

と定義して、

$$a_n = \left(1 + \frac{1}{n}\right)^n$$

とおくと、数列 a_n が有界な単調増加数列であることが証明
でき、数 e の存在が実数の連続性を使って証明できます。

区間縮小法の原理

　数直線上の閉区間の列 $\{[a_n, b_n]\}$, $n = 1, 2, 3, \cdots$ を考
えます。

　この列が、次の二つの条件を満たすとき、この列を「閉区
間の縮小列」といいます。

(1)　$[a_1, b_1] \supset [a_2, b_2] \supset [a_3, b_3] \supset \cdots$

(2)　$|b_n - a_n| \to 0 \quad (n \to \infty)$

（1）の条件は、閉区間が中へ中へと縮んでいくということ
で、（2）の条件は、その縮み方で区間の長さが 0 になってい
くということです。

さて、区間縮小法の原理とは、

閉区間の縮小列はただ一つの実数を定める

というものです。つまり、順に縮んでいく閉区間のタマネギ
構造には必ず芯があるということにほかなりません。これを
式で書くと、

閉区間の縮小列 $\{[a_n, b_n]\}$, $n = 1, 2, 3, \cdots$ について、

$$\bigcap_{n=1}^{\infty} [a_n, b_n] = \{x\}$$

となるただ一つの実数 x が存在する、となります。

図 5.20　区間縮小法

　これが集合のところで述べた $\sqrt{2}$ の決め方にほかならない
ことを確認しておきましょう。
　ところで、この性質が開区間では成り立たないことは、じ
つは集合のところでも調べましたが、もう一度述べることに
します。

[例題] 開区間の縮小列 $\left\{\left(0, \frac{1}{n}\right)\right\}$, $n = 1, 2, 3, \cdots$ について、

$$\bigcap_{n=1}^{\infty} \left(0, \frac{1}{n}\right)$$

を求めよ。

[解] この開区間が、次第次第に縮まっていくタマネギ構造を持っていることは明らか。いま、

$$\bigcap_{n=1}^{\infty} \left(0, \frac{1}{n}\right) \neq \phi$$

として、

$$\bigcap_{n=1}^{\infty} \left(0, \frac{1}{n}\right) \ni x$$

とする。明らかに $x > 0$。

ところが、$\displaystyle\lim_{n \to \infty} \frac{1}{n} = 0$

だから、十分大きな n で、$\frac{1}{n} < x$ となる n がある。

したがって、

$$\left(0, \frac{1}{n}\right) \not\ni x$$

となり矛盾。よって、

$$\bigcap_{n=1}^{\infty} \left(0, \frac{1}{n}\right) = \phi$$

[終]

　開区間では両端が入っていないために、タマネギの皮をむき続けていくと何もない空虚にたどり着くことがあるのです。

　実数の連続性の一つの表現である「区間縮小法の原理」は、結局、閉集合のタマネギ構造ならそういうことがないと主張しているのです。

有界集合の上限の存在

　実数の部分集合を A とします。A に入る任意の数 a について、$a < m$ となる定数 m があるとき、集合 A は「上に有界である」といい、数 m をこの集合の「上界」といいます。

　もちろん有界な集合に対して上界はたくさんあります。上界の最小値を「上限」といいます。「下に有界」ということも同様に定義されます。

実数の有界な集合について、必ず上限がある

というのがこの性質です。

　この性質も有理数の集合の中では必ずしも成立しないことを確認しておきましょう。たとえば、$\sqrt{2}$ より小さい有理数の全体を A とすると、A は上に有界な集合ですが、有理数内では上限を持ちません。

デデキントの切断公理

　いま、数直線を無限に延びた糸と考えて、その糸をハサミでチョキンと切断してみます。糸は二つに分かれます。このとき、切り口はどうなっているだろうか、というのがこの公理です。

　糸をハサミで切ることを数学的に表現すると次のようにな

図 5.21　数直線の切断

ります。

　実数の集合 R を $R = A \cup B$, $A \cap B = \phi$ と二つの集合に分割し、B に入る数は A に入る数より必ず大きくなっているとき (A, B) を実数の切断といいます。

　このとき、切り口は A か B のどちらかに入るというのが切断公理です。すなわち、実数の切断では A に最大数があるか B に最小数があるかのいずれかなのです。

　この公理はデデキント（Dedekind、1831〜1916）によって提案されました。以上の四つの命題は、先に述べたようにすべて同値で、どれか一つを公理とすると、他の三つを定理として証明することができます。ここではその証明は割愛します。たとえば『解析概論』（高木貞治、岩波書店）、『解析入門 I』（杉浦光夫、東京大学出版会）、『「無限と連続」の数学』（瀬山士郎、東京図書）などを参照してください。

　この実数の連続性は、もっとも基礎のところで微分積分学を支えている性質です。すなわち、関数の連続性や微分可能性はすべてこの実数の連続性をもとにして証明されます。

　実数の集合がたんなる数の集まりではなく、連続性という「位相的な性質」を持っているということが、「極限をとる」という操作を可能にし、微分係数を求めることを可能にしました。微分係数が、速度（瞬間の速さ）などに具体化していることを考えると、この実数の位相構造こそが、現実世界を

根底で支えているということさえできます。ここに数学という学問の有用性の一つがあるのです。

ハイネ＝ボレルの定理

さて、もう一度、閉区間の有限性の一つの表現であるコンパクト性に戻ります。

閉区間がコンパクトであるということは、実数の連続性と深く関係しています。ここでは区間縮小法の原理を用いて、閉区間がコンパクトであること（ハイネ＝ボレルの被覆定理）を証明します。

［閉区間がコンパクトであることの証明］

閉区間を $[a, b]$ とし、$[a, b]$ の開被覆を $\{U_\alpha\}$ とする。

証明は背理法で行う。

いま、閉区間 $[a, b]$ が有限個の U_α では覆えないと仮定する。

区間 $[a, b]$ を二つの区間 $\left[a, \dfrac{a+b}{2}\right]$ と $\left[\dfrac{a+b}{2}, b\right]$ に分けると、この二つの区間のうち少なくとも一つは有限個の U_α では覆えない（どちらも有限個で覆えるなら、全体が有限個で覆えることになり矛盾）。

有限個の U_α では覆えない方の区間をあらためて $[a_1, b_1]$ とする。

もし、どちらの区間も有限個では覆えないならどちらを選んでもよい。

さて、区間 $[a_1, b_1]$ を再び 2 等分し、それぞれの区間を

$$\left[a_1, \frac{a_1 + b_1}{2}\right] \quad \text{と} \quad \left[\frac{a_1 + b_1}{2}, b_1\right] \quad \text{とする。}$$

これら二つの区間のうち、少なくとも一つは有限個の U_α では覆えない。そこで、前と同じように、有限個の U_α では覆えない方の区間を改めて $[a_2, b_2]$ とする。

以下、この操作を繰り返して、閉区間の列

$$[a_n, b_n], \ n = 1, 2, 3, \cdots$$

をつくる。

この閉区間の列は、つくり方から明らかに縮小列になっている。

したがって、区間縮小法の原理により、これらの区間に共通なただ一つの数（点）x が定まる。

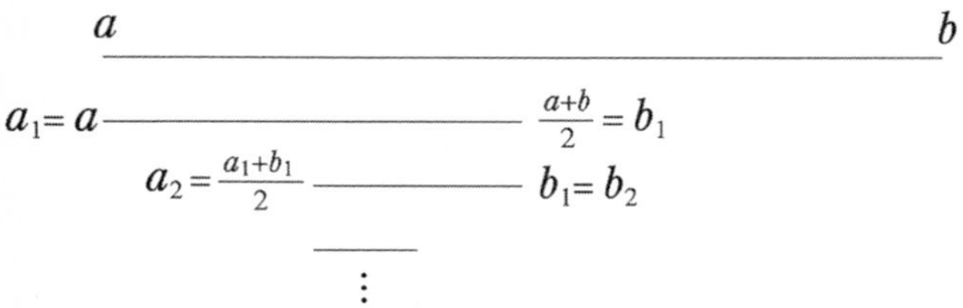

図 5.22　区間を縮小する

もちろん、$x \in [a, b]$ で、$[a, b] \subset \bigcup_\alpha U_\alpha$ である。

したがって、$x \in U_\alpha$ となる U_α がある。

U_α は開集合だから、x のある ε 近傍 $U_\varepsilon(x)$ で、

$$U_\varepsilon(x) \subset U_\alpha$$

となるものがある。

　ところが、区間の縮小列において、区間の長さ $|b_n - a_n|$ は 0 に収束するから、番号 n を十分大きくとると、

$$|b_n - a_n| < \varepsilon$$

とできる。このとき、

$$x \in [a_n, b_n]$$

だから、この区間 $[a_n, b_n]$ は x を中心とする長さ 2ε の開区間である $U_\varepsilon(x)$ に含まれる。

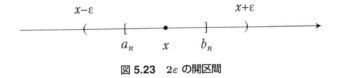

図 5.23　2ε の開区間

　すなわち、

$$[a_n, b_n] \subset U_\varepsilon(x) \subset U_\alpha$$

となるが、これは $[a_n, b_n]$ が有限個の U_α では覆えないことに反する。

　よって開被覆の中から有限個を選んで閉区間を覆うことができる。　　　　　　　　　　　　　　　　　　　［証明終］

　これで閉区間がコンパクトであることが証明できました。
　ところで、コンパクトという性質の重要性の一つは次の点にあります。

われわれは前に連続写像と、それで保存される性質について考えたとき、開集合や閉集合という性質が連続写像で必ずしも保存されないという例をみました。

ところが、コンパクトという性質は、連続写像で保存されるのです。すなわち $f : R \to R$ が連続写像で、X が実数のコンパクトな部分集合であるなら、$f(X)$ もコンパクトになります。これは微分積分学のもっとも基本的なところを支えている事実でもあります。これから、それをみましょう。

5.7　コンパクト集合の性質

有界とは何か

前節で閉区間がコンパクトになることを証明しました。一方、いくつかの例で、

1. 開区間 (a, b) はコンパクトにならない。
2. 閉集合でもたとえば、整数の全体のように無限に広がっている閉集合はコンパクトにならない。

ということをみました。数直線上では、この二つの性質、すなわち、閉集合であることと有限の場所におさまっていることが、コンパクトという性質を規定していることが分かります。

［定義］　数直線 R の部分集合 X がある閉区間 $[a, b]$ に含まれるとき、すなわち $X \subset [a, b]$ となるとき、X は有界であるという。

[例 17]　閉区間 $[a, b]$、開区間 (a, b) は有界です。

[例 18]　$X = \left\{ x_n \mid x_n = \frac{n-1}{n} \right\}$, $n = 1, 2, 3, \cdots$ は有界です。実際、$X \subset [0, 1]$ です。

[例 19]　$X = \{ x \mid 0 \leqq x \}$ は有界でありません。

[例題]　数列 $\{a_n\}$ が収束するなら、

　　$X = \{a_n\}$, $n = 1, 2, 3, \cdots$ は有界である。

[解]　数列 $\{a_n\}$ の極限値を α とする。

したがって、たとえば α の $\frac{1}{2}$ 近傍 $U_{\frac{1}{2}}(\alpha)$ をとると、ある番号 n_0 以上の数列の項 a_n, $n > n_0$ は、すべてこの近傍の中に入る。

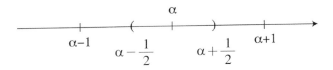

図 5.24　α の近傍

よって、いま

　　$\{ |a_1|, |a_2|, \cdots, |a_{n_0}|, |\alpha + 1|, |\alpha - 1| \}$

の最大値を a とすると、この数列の各項はすべて区間 $[-a, a]$ の中に入り、したがって $X = \{a_n\}$, $n = 1, 2, 3, \cdots$ は有界。　　　　　　［終］

数直線におけるコンパクト性

この有界という概念を使うと、コンパクトという性質は次のようにいい換えることができます。

[定理] 数直線上の集合 X について次が成り立つ。

$$X \text{ がコンパクト} \Leftrightarrow X \text{ が有界な閉集合}$$

[証明] X がコンパクトであると仮定する。このとき、X が有界な閉集合であることを証明する。

1. 有界であること

R の開集合 $U_n = (-n, n)$, $n = 1, 2, 3, \cdots$ を考えると、

$$\bigcup_{n=1}^{\infty} U_n = R$$

だから、

$$X \subset \bigcup_{n=1}^{\infty} U_n$$

すなわち、$\{U_n\}$, $n = 1, 2, 3, \cdots$ は X の開被覆。

X はコンパクトだから、U_n のうちから有限個を選んで X を覆うことができる。その有限個を

$$U_{n_1}, U_{n_2}, \cdots, U_{n_k}$$

とする。よって、

$$X \subset \bigcup_{i=1}^{k} U_{n_i}$$

明らかに、このうちで番号のいちばん大きなものを U_{n_k} とすれば、

$$\bigcup_{i=1}^{k} U_{n_i} = U_{n_k}$$

だから、$X \subset U_{n_k} \subset [-n_k, n_k]$ となり X は有界。

2. 閉集合であること

X が閉集合であることを示すには、その補集合 $Y = R - X$ が開集合であることを示せばよい。

$Y \ni y$ とすると、$X \not\ni y$。すなわち、y は X のどの点 x とも異なる。したがって、y の近傍 $U(y)$ と x の近傍 $U(x)$ で、

$$U(y) \cap U(x) = \phi$$

となるものがある。この y の近傍 $U(y)$ は点 x によって決まるので、これを $U(y, x)$ と書く。

ここで、点 x を X 全体にわたって動かすと、近傍 $U(x)$ 全体は X を覆う。すなわち、

$$X \subset \bigcup_{x \in X} U(x)$$

X はコンパクトだから、このうちから有限個の $U(x_1)$, $U(x_2)$, $\cdots$, $U(x_n)$ を選んで、

$$X \subset \bigcup_{i=1}^{n} U(x_i)$$

とできる。このとき、それぞれの $U(x_i)$ に対応する y の近傍 $U(y, x_i)$ を考え、それの共通部分

$$\bigcap_{i=1}^{n} U(y, x_i)$$

をつくると、これは y を含む開集合で

$$\bigcap_{i=1}^{n} U(y, x_i) \cap \bigcup_{i=1}^{n} U(x_i) = \phi$$

となる。すなわち、

$$\bigcap_{i=1}^{n} U(y, x_i) \cap X = \phi$$

なので、

$$\bigcap_{i=1}^{n} U(y, x_i) \subset Y$$

したがって、Y は開集合となり、X は閉集合。

逆に、数直線上の有界な閉集合 X はコンパクトであることを証明する。

X は有界だから十分大きな閉区間 $[a, b]$ の中に入っているとしてよい。

$\{U_\alpha\}$ を X の開被覆とする。

証明は背理法で行う。

X が有限個の U_α では覆えないと仮定する。

いま閉区間 $[a, b]$ を二つの閉区間 $\left[a, \dfrac{a+b}{2}\right]$ $\left[\dfrac{a+b}{2}, b\right]$ に分け、それぞれの区間と X との共通部分

$$\left[a, \frac{a+b}{2}\right] \cap X \quad \text{と} \quad \left[\frac{a+b}{2}, b\right] \cap X$$

を考える。

このとき、これら共通部分は閉集合で、少なくとも一方は有限個の U_α では覆えない（両方が有限個の U_α で覆えるとすると、X 全体が有限個の U_α で覆えることになり矛盾）。

有限個の U_α で覆えない方を X_1 とする。これはいずれかの閉区間に入っているので、この閉区間をあらためて $[a_1, b_1]$ とする。

同様にこの閉区間を 2 等分して、X_1 との共通部分をつくる。少なくともどちらか一方は有限個の U_α では覆えない。

覆えない方を X_2 とする。

以下この操作を続けていくと、縮んでいく閉集合の列、

$$X \supset X_1 \supset X_2 \supset \cdots$$

が得られ、同時に閉区間の縮小列

$$[a, b] \supset [a_1, b_1] \supset [a_2, b_2] \supset \cdots$$

が得られる。

$$X_i \cap [a_i, b_i] \neq \phi$$

だから、この共通部分から x_i を選んで、数列 $\{x_i\}$ をつくる。

区間縮小法の原理から、この数列はすべての区間の共通部

分である点 x に収束する。

　ここで、数列の各項 x_i は X に入っていて、X は閉集合だから、$x \in X$（以前に述べておいた閉集合の性質です）。

　したがって、$\{U_\alpha\}$ が X の被覆であることから、$x \in U_\alpha$ となる U_α が存在する。

　U_α は開集合だから、x の近傍 $U_\varepsilon(x)$ で

$$U_\varepsilon(x) \subset U_\alpha$$

となるものがある。

　ところが、閉区間 $[a_i,\, b_i]$ は点 x に向けて縮んでいくのだから、十分大きな番号 n をとると、

$$[a_n,\, b_n] \subset U_\varepsilon(x) \subset U_\alpha$$

　すなわち、

$$X_n \subset U_\alpha$$

となるが、これは X_n が有限個の U_α では覆えないという仮定に反する。　　　　　　　　　　　　　　　　［証明終］

　結局、数直線上では、コンパクトという概念と、有界な閉集合であるということは同じことを表しています。なぜ、コンパクトという新しい概念を導入したのかということの理由は、もうしばらく置いておくことにします。

最大数、最小数の存在

　ところで、有界な閉集合（コンパクト集合）には大変に有用な性質があります。

いま、開区間 (a, b) を考えます。この区間は明らかに有界です。しかし、(a, b) は最大数も最小数も持ちません。というのは、この区間は端の点を含んでいないので、a にいくらでも近いが、a より少し大きい点 $a + \varepsilon$ はこの区間に入り、したがって最小数がありません。開区間なので端の点が入っていないことに、十分注意してください。

つまり、一般には、集合 X が有界であるときは、たしかに X が有限の範囲内におさまっているのですが、それは X が最大数、最小数を持つということとは違います。

ところが、これが有界な閉集合となると、必ず最大数、最小数を持つことが分かります。開集合と閉集合の違いに十分に注意しましょう。

[例題]　X を実数の有界な閉集合とする。このとき、X は最大数と最小数を持つことを示せ。

[解]　最大数の存在を示す。X は有界だからある閉区間 $[a, b]$ に含まれる。すなわち、$x \in X$ なら $a \leqq x \leqq b$ となる数 a, b が存在する。

そのような $[a, b]$ の中でもっとも小さい区間を、あらためて $[a, b]$ とする（ここでは実数の連続性として有界集合の上限の存在を使いました）。

この b が X に入ることを示す。

$b \notin X$ とする。したがって、$b \in R - X$。ここで、X は閉集合だから、$R - X$ は開集合。したがって、b の ε 近傍 $U_\varepsilon(b) = (b - \varepsilon, b + \varepsilon)$ で、$U_\varepsilon(b) \subset R - X$ となるものがある。

ところが、このとき $X \subset [a, b - \varepsilon] \subset [a, b]$ となるから、これは区間 $[a, b]$ の最小性に反する。

したがって、$b \in X$。

これは、b が集合 X の最大数であることを示している。

最小数についても同様。　　　　　　　　　　　　　　　　［終］

コンパクト性の保存

前に、連続写像が閉集合を閉集合に移さない例が、開集合ほどには簡単でないことを述べておきましたが、ここでその理由となる重要な性質を一つ証明しましょう。

前に述べたように、開集合、閉集合という性質は連続関数では保存されませんが、コンパクトという性質は連続関数で保存されます。

> **［定理］**　$f : R \to R$ を連続関数とし、R の部分集合を X とする。X がコンパクト $\Rightarrow$ $f(X)$ はコンパクト

［証明］　$f : R \to R$ を連続関数とし、X を R のコンパクトな部分集合とする。$f(X)$ の任意の開被覆を $\{U_\alpha\}$ とする。したがって、

$$f(X) \subset \bigcup_\alpha U_\alpha$$

この状況を f^{-1} で引き戻して、

$$X \subset f^{-1}\left(\bigcup_\alpha U_\alpha \right)$$

ところで、第 2 章の集合の計算で証明したように、

$$f^{-1}\left(\bigcup_\alpha U_\alpha\right) = \bigcup_\alpha f^{-1}(U_\alpha)$$

となるが、f が連続関数で U_α が開集合だから、$f^{-1}(U_\alpha)$ も開集合。

よって、$\{f^{-1}(U_\alpha)\}$ は X の開被覆。

ところが、X はコンパクトだから、このうちから有限個を選んで、

$$X \subset f^{-1}(U_1) \cup f^{-1}(U_2) \cup \cdots \cup f^{-1}(U_n)$$

とできる。この状況を再び f で写像すると、

$$f(X) \subset U_1 \cup U_2 \cup \cdots \cup U_n$$

となり、$f(X)$ は有限個の $U_1 \cup U_2 \cup \cdots \cup U_n$ で覆われる。

すなわち、$f(X)$ はコンパクトである。　　　　　[証明終]

以上の証明から、コンパクトな集合を連続関数 f で移した集合は、コンパクトであることが分かりました。

ところで、閉区間 X は典型的な有界閉集合だからコンパクトです。したがって、この定理によれば、その像 $f(X)$ もコンパクトです。すなわち、$f(X)$ も有界な閉集合になっています。

つまり、閉集合を連続関数で移しても閉集合にならない例は、コンパクトでない閉集合の中からみつけないといけません。

閉集合という条件は落とせないから、有界という条件を緩

めるほかありません。したがって、無限に伸びているような
閉集合を考えないかぎり、閉集合が連続関数で閉集合に移ら
ないような反例はみつからないのです。

最大、最小の定理とロルの定理の中身

　この定理のもっとも直接的な応用は、閉区間上で連続な関
数は最大値と最小値を持つという性質の証明です。

　この段階までくれば、この性質の証明はそう難しいことで
はありません。

【例題】　$f : R \to R$ を連続な関数とする。このとき f は閉
区間 $[a, b]$ 上で最大値と最小値を持つ。

【解】　$[a, b]$ はコンパクトだから、$f([a, b])$ もコンパクト。

　したがって、$f([a, b])$ は数直線上の有界な閉集合。

　前に証明した有界閉集合に関する例題により $f([a, b])$ は
最大値 M と最小値 m を持つ。

　よって、$f(x_0) = M, f(x_1) = m$ となる x_0, x_1 があるか
ら、f は最大値と最小値を持つ。　　　　　　　　　　[終]

　閉区間上での連続関数が最大値と最小値を持つということ
は、じつは、すでに高等学校の数学でも何度も使われてきま
した。普通の入試問題に出てくる最大、最小問題も、最大値
や最小値が存在していることの保証があって初めて意味を持
ちますが、その保証書の発行元は、この例題にあるのです。

　あるいは、高等学校で学ぶ微分可能な関数についての平均
値の定理の証明には、普通は「ロルの定理」という、いちば

ん原始的な形での平均値の定理が使われます。そのロルの定理の証明にも、閉区間上での連続関数の最大値、最小値の存在が使われます。

[定理]（ロル）

　微分可能な関数 $y = f(x)$ が $f(a) = f(b) = 0$ を満たすとき、$a < c < b$ で $f'(c) = 0$ となる c が少なくとも一つある。

　ここでちょっと寄り道して、ロルの定理の中身を述べておきます。こんな状況を考えます。

　新幹線が A 駅を出発して B 駅に停車しました。途中、この新幹線の加速度が 0 となるときがあるだろうか？

　新幹線は A 駅では停車しているから速度は 0 です。同様に B 駅での速度も 0。

　加速度は速度の変化率（微分係数）だから、ロルの定理によれば途中、加速度が 0 となる瞬間が必ずあることになります。

　では、加速度が 0 となる瞬間はいつかといえば、その一つが新幹線が最大速度を出した瞬間であることは明らかでしょう。そこでの加速度がプラスだったら、次の瞬間にもっと速くなっているはずだし、そこでの加速度がマイナスだったら、ちょっと前はもっと速かったはずだからです。

　では、新幹線はほんとうに最大速度をとるのでしょうか。現実問題としては当たり前ですが、その数学的根拠こそ、いま証明した最大、最小の定理にほかならないのです。

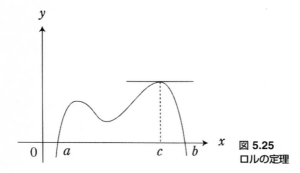

図 5.25
ロルの定理

第 6 章
距離とは何か
距離空間の世界

　いままで、数直線という特別な位相空間について少し詳しく考察してきました。

　実数の連続性という概念と位相の概念が大変に関連した性質であることが分かっていただけたと思います。連続性という考え方は、数列の収束とか、関数の連続とかいう概念と密接に関係しています。だからこそ、位相を学ぶことで、もう一度収束について見直すことができるのです。

　逆に考えると、数直線について成り立っていたことのもっとも本質に関わる部分だけを取り出して一般化すると、連続とか、収束とかの概念についての一般論が得られるのではないでしょうか。こうして考え出されたのが、「位相空間」です。

　ここでは一般の位相空間に入る前に、もうワンステップ梯子をかけて、一般の距離空間にふれておきます。

6.1　なぜ距離か

　もう一度、距離について考えます。距離とは煎じ詰めると、二つの点の間が近いとか、遠いとかいう感覚を数学的に表現したものです。数直線ではいままでに説明したように、絶対値で距離を決めました。そこで、それを一気に一般化して、

集合 X 上の「距離」を次のような関数として決めます。

[定義] R を実数とする。集合 X の上で定義された点を変数とする2変数関数 $d(p, q) : X \to R$ （p, q は X の点）、が次の性質を持つとき、この関数を X 上の距離関数といい、値 $d(p, q)$ を点 p, q の距離という。

(1) $d(p, q) \geqq 0$ かつ、
  $d(p, q) = 0 \Leftrightarrow p = q$

(2) $d(p, q) = d(q, p)$

(3) $d(p, q) \leqq d(p, r) + d(r, q)$

$d(p, q)$ は、X の点を変数とする関数であることに注意しましょう。

まず、性質（1）で距離は正、または0の値をとること、また、距離が0となるのは2点が一致するときしかないことが規定されます。

続いて、性質（2）で、距離は p から q に向けて測っても、q から p に向けて測っても変わらないことが要請されます。これはいずれも距離のもっとも基本的な性質です。そして、最後に寄り道すると遠くなることが求められます。

最後の性質は、第5章でも登場しましたが「三角不等式」と呼ばれ、三角形の2辺の和は他の辺より大きいという性質として知られているものです。

数学では、距離は以上の三つの性質を持った関数として定義されます。われわれが普通に距離といっているものはたし

かにこの性質を持っています。最後の三角不等式は初等幾何学的にも証明できます。集合上に距離が定義できれば、距離の大小（実数の大小）で点の近さ、遠さを判断することができるようになります。したがって、ある点の近傍という概念を距離を使って定義することができます。

　ところが、上の定義を満たすものを距離とすると、常識的には奇妙なものも距離になります。普通の xy 平面に常識とは違った距離を入れてみましょう。

[例1]　平面上の勝手な2点 p, q に対して

$$d(p, q) = \begin{cases} 1 & p \neq q \\ 0 & p = q \end{cases}$$

とすると、これは距離となります。

　すべての点は1だけ離れています。ある点を中心として半径が2の円を描くと、全部の点が含まれるのです！

[例2]　平面上の勝手な2点 $p = (x_1, y_1), q = (x_2, y_2)$ に対して

$$d(p, q) = |x_1 - x_2| + |y_1 - y_2|$$

とします。

　この距離ではたとえば、原点を中心とする「半径1の円」は次のような図形になります。

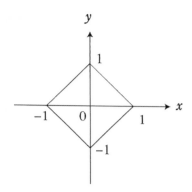

図 **6.1**
半径 1 の円

[例3] 平面上の勝手な2点 $p = (x_1, y_1)$, $q = (x_2, y_2)$ に対して、

$d(p, q)$ は $|x_1 - x_2|$, $|y_1 - y_2|$ の大きい方

とします。これも距離となります。

距離の持つ三つの性質を満たしていることをたしかめてください。

上のような距離は、いずれもわれわれが日常に経験する距離とは少し様子が違いますが、数学的にはどれも立派な距離です。

> **[定義]** 距離 d が決められている集合 X を距離空間という。距離を明記するときはこれを (X, d) とも書く。

では、この一般の距離空間について、数直線で考えたことがどのように拡張されていくのかを次に考えましょう。

270

距離を使った位相

距離を使うと、数直線の場合と同じように「ある点の近く ＝ 近傍」を決めることができます。

[定義]　X を距離 d を持つ距離空間とする。p を X の点とする。

$$U_\varepsilon(p) = \{x \mid x \in X, d(p, x) < \varepsilon\}$$

を点 p の ε 近傍という。

点 p の ε 近傍は、ε を動かすと、直感的には点 p の周りの同心円構造（前に述べたタマネギ構造）になっていますが、前の例で紹介したような距離については図形的に同心円構造になるわけではないことに注意してください（理念としての同心円構造！）。

[例題]　さきほどの［例1］の距離空間について、点 p の ε 近傍がどうなっているか調べよ。

[解]　この距離空間は異なる点の距離が 1、同じ点の距離は 0 として距離が決められていた。したがって、この距離空間内の任意の点 p について、

$$U_\varepsilon(p) = \begin{cases} 全空間 & \varepsilon \geqq 1 \\ p & \varepsilon < 1 \end{cases}$$

である。　　　　　　　　　　　　　　　　　　　　　　　　［終］

このような空間では、タマネギ構造とはいっても、このタマネギには全体と芯しかありません。

いずれにしても、われわれは距離を使うことで「点 p の近く」という概念を ε 近傍という形で手に入れることができました。そこで、開集合という概念も「その点の近くの点をすべて含む集合」として規定することができます。

> **［定義］** X を距離空間とし、 A を X の部分集合とする。 A の任意の点 x について、
>
> $$U_\varepsilon(x) \subset A$$
>
> となる x の ε 近傍 $U_\varepsilon(x)$ がとれるとき、 A を X の開集合という。

この定義は、数直線上の部分集合の開集合の定義と何も変わらないことに注意してください。ただし、 X 上の距離は、たとえば上の例題で考えたような距離かもしれないことはしっかりと認識しておく必要があります。

［例題］ ［例1］の距離空間 X について、 X の開集合がどうなっているのか調べよ。

［解］ X の任意の部分集合を A とし、 $A \ni x$ とする。 x の ε 近傍として $\varepsilon = \dfrac{1}{2}$ とした、「半径 $\dfrac{1}{2}$」の近傍 $U_{\frac{1}{2}}(x)$ をとる。

前に調べておいたように、

$$U_{\frac{1}{2}}(x) = \{x\}$$

だから、

$$U_{\frac{1}{2}}(x) \subset A$$

　したがって、この距離空間 X ではすべての集合が開集合
となる。　　　　　　　　　　　　　　　　　　　　［終］

　とくに、ただ1点からなる集合も開集合であることに注意
しましょう。

　結局、この距離は空間の部分集合に差異化をもたらさない
ことが分かります。この空間を「離散距離空間」といいます。
同じように、開集合の相対的な概念である閉集合も数直線の
場合と同様に定義できます。

> **［定義］**　距離空間 X の部分集合 B について、B の補
> 集合 $X - B$ が開集合のとき、B を閉集合という。し
> たがって、閉集合の補集合は、開集合である。

　この定義も、以前の閉集合の定義とまったく同一です。し
たがって、距離空間についても同様に、その部分集合は次の
4種類に分けられます。

1.　開集合で閉集合でないもの
2.　閉集合で開集合でないもの
3.　開集合で同時に閉集合でもあるもの
4.　開集合でも閉集合でもないもの

結局、距離空間の位相もこのような 4 種類の部分集合の間の関係で決まっています。さらに、開集合、閉集合については、数直線のときに調べたことと同じ性質が成り立ちます。

[定理]　開集合、閉集合は次の性質を持つ。

（1）　全体集合と空集合は開集合であり、同時に閉集合である。

（2）　有限個の開集合の共通部分は開集合、開集合の和集合（無限個でもよい）は開集合。

（3）　有限個の閉集合の和集合は閉集合、閉集合の共通部分（無限個でもよい）は閉集合。

証明は数直線の場合と同じなので省略します。

6.2　関数の連続性

距離空間の中では定められた距離を使って開集合を決めることができました。まったく同様に、開集合を使って、距離空間から距離空間への関数の連続性を定めることができます。これも数直線の場合と同じです。

初めに距離そのものを使った連続性の定義、次に開集合を使った連続性の定義を述べます。

[定義]　X, Y を二つの距離空間とし、X から Y への写像を $f : X \to Y$ とする。$X \ni a$ のとき、

任意の $\varepsilon > 0$ について、$d(a, x) < \delta$ なら、
$d(f(a), f(x)) < \varepsilon$ となる $\delta > 0$ がある

が成り立つとき、f は a で連続といい、すべての a で
連続のとき、f は連続であるという。

[定義]　X, Y を二つの距離空間とする。X から Y への写像 $f : X \to Y$ について、

Y の任意の開集合 U について、$f^{-1}(U)$ が X の
開集合となる

が成り立つとき、f を連続写像（連続関数）という。

　開集合の逆像が開集合になるということと、近い点同士は f で近い点同士に移されるということが同じになるのは、数直線上での証明とまったく同じです。ここでは数直線上の距離、つまり数の差（の絶対値）がそのまま、抽象的な距離という考えに置き換わっていることに注意してください。

　すなわち、距離という考えが関数の連続性を支えている構造は何も変わっていません。もちろん、ここでいう距離が、普通の距離とはだいぶ違っているかもしれません。しかし、それを抜きにして考えた場合は、連続性のアイデアは同じなのです。

　では、数直線上で大変に重要だった「コンパクト」という概念が、普通の距離空間の上ではどうなるのかを調べましょう。

距離空間におけるコンパクト性

　数直線の上ではコンパクトという概念は、「本質的な有限性」という意味を担っていました。つまり、有限の場所におさまっていて、しかも閉じている（閉集合である）ということでした。

　有限の場所におさまっていても、たとえば開区間 (a, b) などは、両端の点がない（境界を持たない）ので、引き延ばすことによって有限でない数直線全体と同じものにできます。つまり、開区間は有限ではあっても「本質的な有限性」を持っていないのです。

　この「本質的な有限性」は、一般の距離空間の特別な部分集合についても成り立ってもらいたい性質です。そこで、距離空間の部分集合についてコンパクトを同じように定義してその性質を調べましょう。

　[定義]　距離空間 X の部分集合 C について、 X の開集合の集まり $\{U_\alpha\}$ で、

$$C \subset \bigcup_\alpha U_\alpha$$

となるものを C の開被覆という。また、 C の任意の開被覆 $\{U_\alpha\}$ が与えられたとき、 $\{U_\alpha\}$ の中から有限個の $\{U_1, U_2, \cdots, U_n\}$ を選んで、

$$C \subset U_1 \cup U_2 \cup \cdots \cup U_n$$

とできるとき、 C はコンパクトであるという。

　この定義は、数直線上で最初にコンパクト性を定義したときとまったく同一です。数直線ではこの定義から、コンパクト集合が有界な閉集合であることが分かりました。では、一般の距離空間でも同じことが成り立つでしょうか。

> **［定理］**　X を距離空間とする。X の部分集合 C について、
>
> 　　C がコンパクト $\Rightarrow$ C は閉集合

［証明］　$X - C$ が開集合であることを証明すればよい。
　$p \in X - C, q \in C$ とすると、当然 $p \neq q$ だから、$0 < d(p, q)$ である。
　ここで、p, q の距離の半分より小さい正の数を ε とし、p, q の ε 近傍 $V_\varepsilon(p), U_\varepsilon(q)$ をとる。

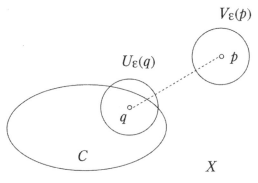

図 6.2　p, q の ε 近傍 $V_\varepsilon(p), U_\varepsilon(q)$

この二つの近傍は当然交わらない。

ここで、点 p を固定して、点 q を C 全体にわたって動かすと、$\{U_\varepsilon(q)\}$ は C 全体を覆うから、C の開被覆である（ここで、$d(p, q)$ は q を動かすと変わるから、ε は q によって変わり、一定ではないことに注意）。

さて、C はコンパクトだから、この開被覆から有限個の

$$U_{\varepsilon_1}(q_1),\, U_{\varepsilon_2}(q_2),\, \cdots,\, U_{\varepsilon_n}(q_n)$$

を選んで、

$$C \subset U_{\varepsilon_1}(q_1) \cup U_{\varepsilon_2}(q_2) \cup \cdots \cup U_{\varepsilon_n}(q_n)$$

とできる。このとき、これに対応する

$$V_{\varepsilon_1}(p_1),\, V_{\varepsilon_2}(p_2),\, \cdots,\, V_{\varepsilon_n}(p_n)$$

を考える。この近傍の中で、いちばん小さい近傍（ε_i が最小のもの）を $V_\varepsilon(p)$ とすると、$V_\varepsilon(p)$ は、

$$U_{\varepsilon_1}(q_1),\, U_{\varepsilon_2}(q_2),\, \cdots,\, U_{\varepsilon_n}(q_n)$$

のどれとも交わらないから、

$$U_{\varepsilon_1}(q_1) \cup U_{\varepsilon_2}(q_2) \cup \cdots \cup U_{\varepsilon_n}(q_n)$$

と交わらず、したがって、

$$C \cap V_\varepsilon(p) = \phi$$

となり、

$$V_\varepsilon(p) \subset X - C$$

よって、$X - C$ は開集合である。　　　　　　[証明終]

　この証明で、コンパクト性がよく働いていることに注意しましょう。

　とくに重要なことは、いちばん小さな ε 近傍が選べたことです。有限個の近傍が選び出せないと最小の近傍が決まらない（ことがある）のです。これは、開区間が有界であっても、最小値を持たないことと同じ理由です。たとえば、無限個の ε 近傍が、

$$V_1(p_1),\ V_{\frac{1}{2}}(p_2),\ V_{\frac{1}{3}}(p_3),\ \cdots$$

となっていれば、この中からいちばん小さい ε 近傍を選ぶことはできません。

　もう一つ、この証明では異なる2点に対して共通部分を持たない近傍を選びました。このことは距離空間では当たり前のようにみえますが、勝手な空間でこの性質が成り立つとは限りません。この性質を「ハウスドルフの分離公理」といいます（これは後でもう一度ふれます）。

有界閉集合はコンパクトか

　これで、任意の距離空間でもコンパクトな集合は閉集合であることが分かりました。では有界性はどうでしょうか。

　距離空間についても、数直線と同じようにある集合が有界であることが定義できます。

　距離空間 X の定点を o とします。

> **［定義］** $B_r(\mathrm{o}) = \{x | d(x, \mathrm{o}) \leqq r\}$ を中心 o, 半径 r の球という。

ただし、球といっても、おかしな距離もあるので、普通の球になるとはかぎりません。ただ、定点からの距離が r 以下の点の全体なので普通の球のイメージを借りているわけです。

これを使うと距離空間での有界が定義できます。

> **［定義］** 距離空間 X の部分集合 A について、 $A \subset B_r(\mathrm{o})$ となる球があるとき、 A は有界であるという。

この定義のもとで「距離空間のコンパクトな部分集合は有界な閉集合である」が成り立ちます。本書では証明は省きます。

では、この意味で、距離空間の有界な閉集合はコンパクトになるでしょうか。

残念ながら、そうならないというのが答えです。全体として有界であるにもかかわらず、コンパクトにならない距離空間の閉集合が存在します。もっとも簡単な例は、［例1］であげたおかしな距離空間「離散距離空間」です。

［例4］ 座標平面を R^2 とし、その上の距離を

$$d(p, q) = \begin{cases} 1 & p \neq q \\ 0 & p = q \end{cases}$$

で決めます。このとき、全平面は閉集合、しかも距離の決め方から明らかに有界です。ところで、この空間では点 p の、

たとえば $\frac{1}{2}$ 近傍をとると、

$$U_{\frac{1}{2}}(p) = \{p\}$$

だから、 $U_{\frac{1}{2}}(p) \subset \{p\}$ です。

　したがって、 1 点 $\{p\}$ だけからなる集合は、この距離空間の開集合です。

　よって、各点だけからなる開集合の全体は R^2 の開被覆となりますが、このうちから有限個を選んで R^2 を覆うことはできません（つまり、平面上には無限個の点がある！）。

　この距離による座標平面 R^2 は、有界な閉集合ではあるがコンパクトにならないのです。有界であることは、その空間が有限という性格を持っていることとは違います。

　これで、数直線上では有界閉集合と同じことであるコンパクトという概念を、わざわざ被覆を使って定義したわけが分かってもらえたと思います。そして、コンパクトという性質は、数直線の場合と同じように連続写像で保存されることも分かります。

> **［定理］** X, Y を距離空間とし、 $f : X \to Y$ を連続写像とする。 X の任意のコンパクト集合 C について、 $f(C)$ は Y のコンパクト集合である。

［証明］ $f(C)$ の Y での開被覆を $\{U_\alpha\}$ とする。

　この中から有限個の U_α を選んで $f(C)$ が覆えることを示す。

開被覆という条件より、

$$f(C) \subset \bigcup_{\alpha} U_{\alpha}$$

だから、

$$C \subset f^{-1}\left(\bigcup_{\alpha} U_{\alpha}\right)$$

ところで、第2章で調べたように、

$$f^{-1}\left(\bigcup_{\alpha} U_{\alpha}\right) = \bigcup_{\alpha} f^{-1}(U_{\alpha})$$

だから、

$$C \subset \bigcup_{\alpha} f^{-1}(U_{\alpha})$$

ここで、$f : X \to Y$ の連続性より、$f^{-1}(U_{\alpha})$ は X の開集合。したがって、$\{f^{-1}(U_{\alpha})\}$ は C の開被覆である。

C はコンパクトだから、これらのうちから有限個を選んで、

$$C \subset f^{-1}(U_1) \cup f^{-1}(U_2) \cup \cdots \cup f^{-1}(U_n)$$

とできる。よって、

$$f(C) \subset U_1 \cup U_2 \cup \cdots \cup U_n \qquad \text{[証明終]}$$

われわれが興味を持つのは、距離空間とその相互関係を与える連続写像です。そこで、どうしても、連続写像で保たれる性質が重要になり、そのもっとも典型的な例がコンパクトという性質です。

　上の定理が述べていることは、ある集合が「本質的な有限性」を持つということは、その集合がどんな空間の中にあるのかにはよらないということにほかなりません。これがコンパクトの持つ意味なのです。

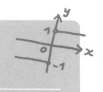

第 7 章
位相空間
超抽象的な世界へ

数学は構造の科学である

いままでの章で数直線、距離空間についてみてきたように、空間の位相とは、のっぺりとした集合に「これこれは開集合ですよ。これこれは閉集合ですよ」という、部分集合間の差異を導入することにほかなりません。こうすることによって、部分集合には区別が生まれ、その区別が集合のさらに細かい研究を可能にしたのでした。

なぜこんなことを考えたのでしょうか。

もともと数直線は、数学的な対象として手触りのある実在であると考えられます。小学校以来、われわれは、数は直線の上に順序よく並んでいるものと考え、そのような数学的経験を積んできました。ところで、その数直線（実数の集合のイメージ）は、たんに集合であるだけでなく、その中で演算ができるとか、2点間の距離が測れるとかいう様々な構造を持っていました。古典的な代数学や解析学は、それらの構造を用いて演算の研究や関数の研究を行ってきたのです。

19世紀末から20世紀にかけて、数学はそのような代数学や解析学の背後にある構造そのものに注目しだしました。その中で、とくに関数の連続性などに関係したものが「位相構造」です。それが結局、部分集合の差異化構造だったことは

284

お話ししたとおりです。

7.1　位相空間を眺める

そこで、この部分集合の差異化構造を、長さとか距離を使わないで直接決めてしまえば、空間に位相が入ることになります。

では、その視点から位相空間を定義しましょう。

[定義] X を集合とする。X の部分集合の集まり $\{U_\alpha\}$ で、次の性質を持つものを指定することを「集合 X に位相を入れる」といい、指定された集合を「開集合」という。この $\{U_\alpha\}$ を開集合の「族」という。

(1) $X, \phi \in \{U_\alpha\}$

(2) $U_\lambda \in \{U_\alpha\} \Rightarrow \bigcup_\lambda U_\lambda \in \{U_\alpha\}$

(3) $U_1, U_2, \cdots, U_n \in \{U_\alpha\} \Rightarrow U_1 \cap U_2 \cap \cdots \cap U_n \in \{U_\alpha\}$

これを言葉でいうと、

(1) X, ϕ は $\{U_\alpha\}$ に入る。

(2) U_λ たちが $\{U_\alpha\}$ に入るなら、それらの和集合 $\bigcup_\lambda U_\lambda$ も $\{U_\alpha\}$ に入っている。

(3) $U_1, U_2, \cdots, U_n$ が $\{U_\alpha\}$ に入るなら、それらの共通部分 $U_1 \cap U_2 \cap \cdots \cap U_n$ も $\{U_\alpha\}$ に入っている。

この三つの性質は、すでに数直線上の開集合でも、一般の距離空間の開集合でも成り立つことが証明されていたものです。つまり、ここでは開集合の性質に重点を置き、それを使って、「長さや距離を使って開集合を決めると、その集合たちはこういう性質を持つ」ではなくて、

「この性質を持つ集合たちを開集合と呼ぶ」という決め方をしています。

　そして、これを使って閉集合をその補集合が開集合となる集合と決めます。

> **［定義］** X の部分集合 F は $X - F$ が開集合のとき、閉集合という。

位相空間は天下りの定義か

　これは、たしかに一方的な天下りの定義で、最初からこれだけを説明されてもどうしてこんなことをするのかが理解しがたいものです。しかし、われわれは数直線、距離空間と順に梯子を登ってきたから、この定義にそれほどの違和感はないのではないでしょうか。

　いくつか例をあげます。簡単のため、元になる集合はすべて数直線 R とします。

［例1］ R の開集合とは、全体集合 R と空集合 ϕ だけとします。

　この決め方で、開集合の性質が満たされていることは明らかです。この場合、閉集合も R と ϕ しかありません。この

位相はいわばいちばん粗い位相であり、R と ϕ を除いて集合は差異化されません。この数直線をここでは R_1 と書くことにします。

[例2]　R の開集合とは、R のすべての部分集合とします。

　この決め方も開集合の性質を満たしています。どんな集合も開集合なのだから、当然、和集合も共通部分も開集合です。この位相はいちばん細かい位相ですが、細かすぎて今度も集合は差異化されません。つまり、あるものにレッテルを貼れば、それはほかから区別されるはずですが、すべてのものにレッテルを貼ってしまえば、レッテルを貼った意味がなくなってしまうというわけです（アリババの賢いお手伝いさんマルジャーナの策略です。彼女は戸口につけられた×印をすべての家につけてまわり、×印の意味をなくしてしまったのでした）。この数直線を R_2 と書きます。結局、数直線の位相はすべてこの二つの例の間にあります。

[例3]　R の開集合とは $(a, b]$ の形をした集合の和集合（無限個でもよい）で表される集合と R, ϕ とします。

　この位相は普通の数直線の位相とはだいぶ異なっています。位相となることをたしかめましょう。

　まず、R, ϕ が開集合となることは定義になっています。半開区間 $(a, b]$ の（無限個も含めた）和集合も定義から開集合です。では、最後に、共通部分を考えましょう。

$$U = \bigcup_\alpha (a_\alpha,\, b_\alpha],\ \ V = \bigcup_\beta (a_\beta,\, b_\beta]$$

を、この位相での二つの開集合とします。このとき、

$$U \cap V = \left(\bigcup_\alpha (a_\alpha,\, b_\alpha] \right) \cap \left(\bigcup_\beta (a_\beta,\, b_\beta] \right)$$

この集合が、この位相での開集合となることを示します。すなわち、いくつかの（無限個を含めた）半開区間 $(a,\, b]$ の和集合となることを示せばよいわけです。

$$\begin{aligned} U \cap V &= \left(\bigcup_\alpha (a_\alpha,\, b_\alpha] \right) \cap \left(\bigcup_\beta (a_\beta,\, b_\beta] \right) \\ &= \bigcup_{\alpha,\, \beta} (a_\alpha,\, b_\alpha] \cap (a_\beta,\, b_\beta] \end{aligned}$$

ですが（第 1 章を参照）、

$$(a_\alpha,\, b_\alpha] \cap (a_\beta,\, b_\beta]$$

は空集合か $(a_\beta,\, b_\alpha]$、$(a_\alpha, b_\beta]$、あるいは $(a_\alpha,\, b_\alpha]$、$(a_\beta,\, b_\beta]$ 自身です。

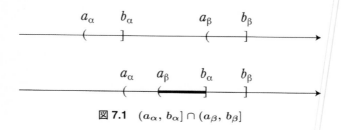

図 7.1 $(a_\alpha,\, b_\alpha] \cap (a_\beta,\, b_\beta]$

　以上のことから、このように決めた開集合は、たしかに数直線上の位相を与えることが分かります。この位相が与えられた数直線を「ゾルゲンフライ直線」といいます（sorgenfreiは数学者の名前ですが、ドイツ語で心配事、苦労のないの意味もあります）。この数直線を R_3 と書きます。

[例題]　ゾルゲンフライ直線 R_3 において、任意の開区間は開集合となることを示せ。

[解]　任意の開区間を (a, b) とすると、この開区間は次のような半開区間の和集合で表される。

$$(a, b) = \bigcup_{n=1}^{\infty} \left(a, b - \frac{1}{n} \right]$$

よって、この位相においても開区間は開集合である。

　しかし、普通の位相では開集合にならない集合が、ゾルゲンフライ直線では開集合になるので、この位相は普通の位相とは異なっている。

　実際に、この直線上では半開区間 $(a, b]$ は開集合となるから、普通の位相ではない。　　　　　　　　　　　[終]

　開集合について一つ大切な注意をしておきます。
　位相空間 X の部分集合 O が開集合となる必要十分条件は、

　　$O \ni x$ である任意の x に対して、$x \in U \subset O$ となる開
　　集合 U があること

です。なぜなら、O が開集合なら U として O 自身をとればいいわけですし、逆に、$O \ni x$ に対して $x \in U \subset O$ となる

開集合 U がとれるなら、すべての $O \ni x$ についてこのような U の和集合を作れば、$\cup U = O$ となり、開集合の性質から、$\cup U$ すなわち O は開集合となります。

これは位相空間 X の部分集合が開集合かどうかを見分けるために役立ちます。

7.2　位相空間と連続写像

位相空間での連続性

ところで、われわれは、距離空間から距離空間への関数の連続性を距離を使って定義しましたが、その定義はじつは開集合を使っていい換えられました。

結局、関数の連続性は、開集合が決まっていれば決められます。したがって、もっとも抽象的な段階としては、位相空間から位相空間への関数（この場合は写像というのが普通なので、これからは写像といいます）の連続性を開集合を使って定義することができます。以下、写像の連続性について調べましょう。

[定義]　X, Y を位相空間とする。X から Y への写像 $f : X \to Y$ が次の性質を持つとき、f は連続であるという。

　Y の任意の開集合 U について、$f^{-1}(U)$ は X の開集合となる。

この写像の連続性の定義が、われわれが高等学校のときか

ら親しんできた 1 次関数や 2 次関数、三角関数などの普通の
関数の連続性とつながっていることはすでに見てきたとおり
です。したがって、普通の数直線については、これは関数の
グラフがひとつながりになっていて、切れ目がないことと同
じです。

　では、前に決めたような「普通でない」数直線については
どうでしょうか。

［例題］　$f : R_1 \to R_1$

$$f(x) = \begin{cases} -1 & x \leqq 0 \\ 1 & x > 0 \end{cases}$$

と決める。この写像は連続か？

［解］　R_1 は開集合として全体集合と空集合しか持っていな
い。したがって、この関数による開集合 U の逆像は、

$$f^{-1}(U) = \begin{cases} R_1 & U = R_1 \\ \phi & U = \phi \end{cases}$$

となり、開集合の逆像はすべて開集合となるから、この写像
は連続。　　　　　　　　　　　　　　　　　　　　　　［終］

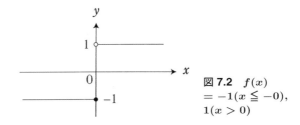

図 **7.2**　$f(x)$
$= -1(x \leqq -0)$,
$1(x > 0)$

では、同じ写像を $f : R_1 \to R$ と考えるとどうなるでしょうか。ただし、R は普通の数直線とします。

　R の開集合 $U = \left(\frac{1}{2}, \frac{3}{2} \right)$ をとります。このとき、

$$f^{-1}(U) = \{x \,|\, 0 < x\}$$

ですが、この集合は R_1 での開集合ではありません。したがって、今度はこの写像は連続写像になりません。

【例題】　$f : R_1 \to R_2$ を $f(x) = x$ と決める。この写像は連続か？

【解】　この写像は、いわゆる「恒等写像」で普通に考えると連続になるが、ここでは定義域になる数直線と、値域になる数直線の位相が違っていることに注意しよう。

　R_2 では、すべての部分集合が開集合だから、当然、任意の 1 点 $\{x_0\}$ も開集合。

　しかし、$f^{-1}(x_0) = \{x_0\}$ は R_1 での開集合にはならない。したがって上の写像は連続ではない。　　　　　　　[終]

「恒等写像」というときは、定義域、値域が集合として一致するだけでなく、位相空間としても一致していると考えるので、この写像はじつは恒等写像とは呼ばないのが普通です。

　上の例題で定義域と値域を入れ替えて、$f : R_2 \to R_1$, $f(x) = x$ とすると、同じ写像が連続写像となります。

　この写像は、位相を考えない数直線という集合から数直線という集合への写像とみれば同じ写像ですから、われわれは数直線に様々な位相を導入して、集合や写像を差異化する視

点を手に入れたことになるのです。

位相空間におけるコンパクト性

　では、数直線で重要な役割を果たしたコンパクトという概念が一般の位相空間でどうなっているのかをみましょう。

　数直線上では、コンパクトとは集合の本質的な有限性を規定していた概念でした。それは有限の大きさでなければなりません。すなわち、有界な集合です。さらに、どうしても（開区間のようには）無限に引き延ばせません。すなわち、端の点を含んでいる閉集合です。

　というわけで、普通の数直線では、コンパクト集合とは有界な閉集合のことでした。

　ところが、一般の位相空間では、有界という概念が意味を持たなくなります。すなわち、有限の大きさというのは、それを判断する距離があって初めて意味を持つ概念であり、距離がなければ有限の大きさかどうかを判定することができないのです。

　これでわれわれは、コンパクトという概念を被覆の有限性で定義しなければならなかった本当の意味に到達しました。

　ある集合の開被覆がつねに有限個からなる「部分開被覆」を持つということが、数直線上では、その集合が「有界閉集合」であることと同値でした。そこで、一般の位相空間では、このことを「本質的な有限性」の定義として採用するのです。

> **[定義]** X を位相空間とし、その部分集合を C とする。X の開集合の族 $\{U_\alpha\}$ が、
>
> $$C \subset \bigcup_\alpha U_\alpha$$
>
> を満たすとき、族 $\{U_\alpha\}$ を C の開被覆という。C の任意の開被覆が与えられたとき、その中から有限個の $U_1, U_2, \cdots, U_n$ を選んで、
>
> $$C \subset \bigcup_{i=1}^{n} U_i$$
>
> とできるとき、C はコンパクトであるという。

このコンパクトの定義が、前に数直線でのコンパクト性を定義したときとまったく同一であることに十分注意しましょう。これだけ取り出すと、「本質的な有限性」とあまり関係ないようにみえますが、そうではないことは注意したとおりです。

さらに、この定義によれば、コンパクトという概念が連続写像で保存されることは前とまったく同様に証明できます。

> **[定理]** $f : X \to Y$ を位相空間の間の連続写像とし、C を X のコンパクトな部分集合とする。このとき、$f(C)$ は Y のコンパクトな部分集合である。

[証明] $f(C)$ の開被覆を $\{U_\alpha\}$ とする。すなわち、

U_α は Y の開集合で、$f(C) \subset \bigcup_\alpha U_\alpha$

U_α は Y の開集合で f は連続だから、$f^{-1}(U_\alpha)$ は X の開集合であり、上の関係を f^{-1} で引き戻すと、

$$C \subset f^{-1}\left(\bigcup_\alpha U_\alpha\right) = \bigcup_\alpha f^{-1}(U_\alpha)$$

すなわち、$\{f^{-1}(U_\alpha)\}$ は C の開被覆。

C はコンパクトだから、この中から有限個の $f^{-1}(U_1)$, $f^{-1}(U_2), \cdots, f^{-1}(U_n)$ を選んで、

$$C \subset \bigcup_{i=1}^n f^{-1}(U_i)$$

とできる。

これを再び、f で Y に移すと、

$$f(C) \subset \bigcup_{i=1}^n U_i$$

となり、$f(C)$ はコンパクトである。　　　　　　　　　［証明終］

われわれは、位相空間と連続写像という場で話を考えているのだから、連続写像で保たれる性質は大変に重要で、コンパクトという概念の大切さの一つはその点にもあります。

本質的に有限であるということ

ところで、数直線ではコンパクトとは有界閉集合の別名でした。一般の位相空間では、有界性を確かめることができないことは前に述べましたが、そのへんの事情をもう少し詳し

295

く考えましょう。

[例題]　一般の位相空間でもコンパクトな集合は閉集合になるといえるだろうか。

[解]　コンパクトな集合が閉集合になるという性質は、一般の位相空間では成り立たない。

たとえば、R を数直線とし、そこでの開集合を空集合 ϕ と全体集合 R だけと決める。このとき、R の部分集合 $C = (0, 1)$ は、開集合でも閉集合でもない。

ところが、C の開被覆をつくろうとすると、この空間では全体集合 R を選ぶほかはない。それ以外に C を覆う開集合はない！

よって、C の任意の開被覆は有限個の部分開被覆を持つことになり、C はコンパクトである。　　　　　[終]

ようするに、この空間ではすべての部分集合がコンパクトになっているのです。上の例題では開集合の個数が少なすぎて、すべての集合がコンパクトになってしまうことが分かりました。

では、開集合の個数を最大まで増やすとどうなるのでしょうか。

[例題]　R を数直線とし、その位相を、すべての部分集合を開集合として入れる。この空間でのコンパクト集合はどうなるか。

[解]　この空間でのコンパクト集合を C とする。$C \ni x$ と

すると、$\{x\}$（x だけからなる R の部分集合）は開集合。

したがって、この x を C 全体にわたって動かすと、これは C の開被覆になる。すなわち、

$$C \subset \bigcup_{x \in C} \{x\}$$

C はコンパクトだから、この開被覆は有限部分開被覆を持つ。したがって、有限個の点 $x_1, x_2, \cdots, x_n$ で、

$$C \subset \bigcup_{i=1}^{n} \{x_i\}$$

となるものがある。

明らかに、

$$C = \{x_1, x_2, \cdots, x_n\}$$

つまり、この空間ではコンパクトな集合はほんとうの有限集合になる。逆に、有限集合はすべてコンパクトになることも、次のようにして分かる。

C をこの空間の有限部分集合とし、

$$C = \{x_1, x_2, \cdots, x_n\}$$

とする。また、C の任意の開被覆を $\{U_\alpha\}$ とする。

$x_i \in U_i$ となる U_i を選べば、明らかに

$$C \subset \bigcup_{i=1}^{n} U_i$$

なので、C はコンパクトである。　　　　　　　　　　［終］

この例題の空間では、コンパクトという概念と有限集合という概念は同じことになります。もちろん、コンパクト集合が閉集合であるということは成り立ちますが、この場合はすべての集合は閉集合だからあまり意味がありません。われわれは「本質的な有限性」を追求してコンパクトという概念に到達したのだから、このような位相では仕方がないのです。

ハウスドルフ空間とは

　開集合が空集合と全体集合の二つしかない空間と、すべての集合が開集合となってしまう空間の間に、たとえば、コンパクト集合が閉集合となるような位相空間があるのではないでしょうか。

　そのために、われわれは次のような定義を導入します。これは以前に距離空間でのコンパクト集合の性質について考えたとき用いたアイデアです。

［定義］　X の任意の 2 点 $x, y(x \neq y)$ について、

$$x \in U_x, y \in U_y \text{ かつ } U_x \cap U_y = \phi$$

となる開集合 U_x と U_y が存在するような位相空間 X を「ハウスドルフ空間」という（Hausdorff 1868〜1942）。

　このような開集合は、2 点 x, y を分離するといい、この定義を「ハウスドルフの分離公理」といいます。

　ごく普通の位相空間は、ハウスドルフの分離公理を満たし

てハウスドルフ空間になっていることが多いです。このとき、次が成り立ちます。

[例 4] すべての距離空間はハウスドルフ空間です。

なぜなら、距離空間 X の異なる 2 点を a, b とすれば、$d(a, b) > 0$ だから、この距離の半分より小さい半径の a, b の近傍を U_a, U_b とすれば、$U_a \cap U_b = \phi$ です。

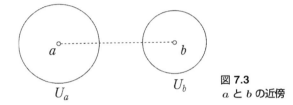

図 7.3
a と b の近傍

ハウスドルフ空間は、われわれが日常的に接している数直線や座標平面と同じようなよい性質を持つ位相空間です。どんなに近い点であっても、それらの点が異なる点である限り、お互いの近傍で交わりを持たないものがあります。近代的な原子論の内容のようですが、日常生活の空間ではこの性質が自然に成り立っていることを確認しておきましょう。

ハウスドルフ空間では、次の定理が成り立ちます。

[定理] X をハウスドルフ空間とし、C を X のコンパクトな部分集合とする。このとき C は閉集合である。

[証明] C の補集合 $X - C$ が開集合であることを示す。$a \in X - C, x \in C$ とすると、当然、$a \neq x$。

したがって、ハウスドルフの分離公理によって、

$$U_x \cap V_x = \phi \quad a \in U_x,\ x \in V_x$$

となる開集合 U_x, V_x がある。

ここで、a を固定し、x をコンパクト集合 C 全体にわたって動かすと、当然、開集合の族 $\{V_x\}_{x \in C}$ は C を覆う。すなわち、

$$C \subset \bigcup_{x \in C} V_x$$

C はコンパクトだから、このうちから有限個の開集合 $V_{x_1}, V_{x_2}, \cdots, V_{x_n}$ を選んで、

$$C \subset V_{x_1} \cup V_{x_2} \cup \cdots \cup V_{x_n}$$

とできる。おのおのの V_{x_i} に対応して、a を含む開集合 U_{x_i} で

$$U_{x_i} \cap V_{x_i} = \phi$$

となるものが決まっていた。ここで、これらの U_{x_i} の共通部分

$$U_{x_1} \cap U_{x_2} \cap \cdots \cap U_{x_n}$$

を U とすると、U は a を含む開集合であり、すべての i について、$U \cap V_{x_i} = \phi$ だから、

$$U \cap \{V_{x_1} \cup V_{x_2} \cup \cdots \cup V_{x_n}\} = \phi$$

である。

$$C \subset V_{x_1} \cup V_{x_2} \cup \cdots \cup V_{x_n}$$

だから、$U \cap C = \phi$ となる。

したがって、

$$U \subset X - C$$

となり、$X - C$ は開集合である。　　　　　　　　　　［証明終］

　これで、座標平面のような普通の位相空間（ハウスドルフ空間）では、たしかにコンパクトな集合は閉集合になることが分かります。普通の位相空間では点の距離を測ることができないので、残念ながら集合が有界かどうかを判定することそのものに意味はありません。本書では、数直線、ユークリッド平面の位相について親しみを持ってもらうということを一つの目標としたので、あまり異様な位相空間については触れませんでした。

　最後に一つ、有限個の点からなる位相空間について、ハウスドルフ空間とならない例をあげておきます。

［例題］　3 個の点 $\{a, b, c\}$ からなる空間を X とし、X の開集合を次のように決める。

$$\phi, \{a\}, \{a, b\}, \{a, c\}, X$$

　このとき、これは開集合の条件を満たし、X は位相空間となることを証明せよ。また、X はハウスドルフ空間とならないことを示せ。

［解］　次の図から、これらの集合の和集合や共通部分が再び

これらのどれかになることが分かり、開集合の条件を満たしていることが分かる。

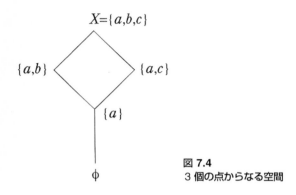

$X=\{a,b,c\}$

$\{a,b\}$　　　　$\{a,c\}$

$\{a\}$

ϕ

図 7.4
3 個の点からなる空間

ところで、この位相空間では、b を含む開集合は必ず a を含んでいるから、a, b を分離する開集合は存在せず、ハウスドルフ空間にならない。　　　　　　　　　　　　　　［終］

7.3　もう一度、位相とは

最後にもう一度、位相の心のようなものについて振り返ってみましょう。

私たちが日常的に生活している空間は、3 次元ユークリッド空間です（宇宙論的にいうと、ほんとうは非ユークリッド空間かもしれませんが、現在までそれは決定できていません。しかし、ごく狭い範囲、たとえば太陽系くらいに範囲を狭めて考えれば、たしかにユークリッド空間です）。

　もう少し限定して、私たちはユークリッド平面上を歩くと
考えましょう。このとき、われわれは距離を使うことによっ
て、二つの点が離れているかどうかを判定することができま
す。たとえば、1 cm しか離れていない点は、100 km も離れ
ている 2 点より近いです。しかし、よく考えてみると、距離
についてわれわれがいえることは、より近い、あるいはより遠
いということであって、二つの点の距離が絶対的に近いとか、
絶対的に遠いとかはいえないことに気がつきます。100 km
離れた 2 点でも地球と太陽の距離と比較すれば、まったく近
い 2 点というほかはないだろうし、1 cm という距離は原子の
レベルでみれば、無限の彼方です。

　つまり、近いとか遠いという概念は相対的なものであって、
二つの距離を比較して初めて、より近いとか、より遠いとか
いうことができるのです。

　では、比較するという視点をやめてしまったときに、ある点
の近くという概念を決めるにはどうしたらいいのでしょうか。

　結局、最後は何をもって近い点とみるかということだけ、
すなわち近いということの定義だけが問題になるのです。

　距離空間では 2 点の間の距離を測る「距離関数」というも
のを導入して、点の間の距離を測りました。2 点の距離が決
まってしまえば、点の近さ、遠さを比較するのは簡単です。
つまり、二つの実数を比べてその大小で近い、遠いを判定す
ればいいのです。その結果、ある点の列が別の点にいくらで
も近づいていくということが数学的にいい表せるようになり
ます。これは 1 次元ユークリッド空間、すなわち数直線でい
えば、「数列の収束」という概念がきちんと定義できるよう
になるということにほかなりません。

念のため距離空間の点列の収束の定義を書いておきましょう。

> **[定義]**
>
> 点列 $\{p_n\}$ が点 a に収束する
>
> $\Leftrightarrow$ $\displaystyle\lim_{n\to\infty} d(p_n, a) = 0$

　このようにして、距離空間では関数（写像）が連続かどうかということが判定できるようになります。結局、この場合の距離は、ある写像で近い点が近い点に移るかどうかを判定する手がかりになりました。これが距離空間の場合の位相の果たした役割です。

　集合での関数は、元と元との対応関係そのものでした。近さの概念がない限り、この対応が連続であるとか、グラフがつながっているとかの判断は意味を持ちません。それでもなお、二つの集合の間の関数（対応）を使うことによって、集合の基数を比較することができました。その対応に、さらに近い点は近い点に移る、ということを加えて「連続関数」という概念が成立します。そのために距離が使われたのです。

　一般の位相空間では、距離を使って近さを測ることを放棄してしまいました。この場合、ある点の ε 近傍という概念は距離が測れないのだから意味を持ちません。その代わりに、ある点の近くとは、その点を含む開集合のことだ、と決めたわけです。距離空間における ε 近傍が開集合であったことを考えてみると、こう決めることには合理的な理由があることが分かります。ε が大変に小さい数なら、これはわれわれが

考える点 a の近くという概念に当てはまってくれます。近傍とは「近い傍ら」と書くのだから、これが近い点という心を残していることはたしかです。

　しかし、当然ながら距離空間においてもこの ε は、別に小さい数でなくてもいいので、これは近傍という言葉の拡大解釈です。ましてや、一般の位相空間では開集合という概念だけがあって、ε 近傍という考えそのものが背後に隠れてしまいました。だから、初めて開集合とか、閉集合とかいう概念を説明されて、それらの概念が近さの考えの根底にあるといわれても、とまどうのは当然です。このようにして、距離を捨て、距離を使って定義された開集合を、その概念だけを拾い上げることによって、位相空間が定義されたのです。

　ここまでくると、関数の連続性を開集合で決めることの背景が分かるのではないかと思います。位相空間における連続写像の定義をもう一度振り返ってみましょう。

　位相空間から位相空間への写像 $f : X \to Y$ が連続であるとは、Y の開集合 U の f による逆像 $V = f^{-1}(U)$ が X の開集合となること

でした。

　この定義から、当然

$$f(V) \subset U$$

となります。

　U 内の任意の点 y について、U は先ほどの意味で「y に近い点の集まり」です。

　よって、$f(x) = y$ となる点 x について、（そのような x が

あれば）$x \in V$ だから、写像 f はたしかに「x に近い点の集まり V」を「$f(x)$ に近い点の集まり U」に移しているのです。

　したがって、開集合の逆像が開集合になるという関数の連続性の定義は、たしかに、近い点は近い点に移るという連続関数のもっとも素朴な性質をきちんと遺伝している定義なのです。

　しかし、そうはいっても、たんなる開集合を「近い点」と呼ぶのには、少し抵抗があるかもしれません。それでは「近い」という言葉を「つながり方」と呼び換えてみましょう。

　位相とは、集合の点のつながり方を規定している構造である。

　このように考えると集合として同じものであっても、その中での点のつながり方が違えば位相空間としては違うものになる、ということが納得できると思います。しかも、連続という考え方が、点のつながり方に直接結びついてくる概念であることは明らかです。連続写像とは、つながり方を保存する関数にほかなりません。

　古典的な解析学は、数直線という位相空間から数直線という位相空間への連続写像の解析を主な目的とした数学です。関数を微分したり、積分したりすることから始まり、さらに複雑な関数の性質へと進みます。その背後にあった「点のつながり方」という構造を取り出すことによって、数学はさらに一般的な概念の構築に成功しました。

　このようにして、現代的な「位相空間論」という数学が成立したのです。

ブルーバックス版あとがき

本書は 2001 年に講談社サイエンティフィクの「なっとくシリーズ」の一冊として出版した『なっとくする集合・位相』をブルーバックス化した本です。

原本はすこしくだけた調子のやさしい教科書として書かれ、実際に集合・位相の教科書として使用されました。今回、新書化するにあたり、教科書風の記述をなるべく読み物風に、語りかける口調に手直しし、原本にあった特殊な話題をいくつか削りました。

集合・位相入門の本として内容を一つのテーマ、集合は基数、位相はコンパクト性に絞り、網羅的に一般論を記述するよりも、イメージを摑んでもらうようにしました。これだけでも集合や位相の心は十分に伝わると思います。

本書で扱わなかった話題については巻末に挙げた参考図書を参照してください。

集合・位相は進んだ数学では必須の知識で、理系の学生は大学初年次に数学の基礎として学びます。本書のお話はその基礎のための基礎となると思います。

新書化にあたって、ブルーバックス編集部の柴崎淑郎さんには、細部にわたり大変お世話になりました。記して感謝いたします。有難うございました。

2024 年 1 月

瀬山士郎

「集合と位相」をさらに知りたい方へ

集合論には、最初の一歩としての「基数」（濃度）の理論のほかにもう一つ、「順序数」の理論があります。これはモノの個数だけではなく、モノの並べ方を問題にする理論です。

初等的な集合論は、基数の理論と順序数の理論で完成しますが、本書では集合のイメージ作りに重点を置いたため、あえて順序数の理論にはまったくふれませんでした。その点を知りたいという方は、以下にあげる参考書で補ってください。

また、位相についても、本来なら「分離公理」や「連結性」という考え方を取り上げるべきですが、ここでもそれらの概念にはふれませんでした。理由は集合論の場合と同じで、閉区間や部分集合のコンパクト性に主題を絞ったためです。取り上げなかった主題については同様に参考書で補ってください。以下に何冊か参考書をあげます。

1 ： 『集合論入門』（赤攝也、ちくま学芸文庫）

単行本は 1957 年の初版で、じつに半世紀以上の長きにわたって読みつがれている集合論の名著です。本書ではふれなかった順序数についての分かりやすい解説があります。文庫になり、小型の本となりましたが内容には重量感が！　ちなみに筆者は、学生時代、単行本の第 8 刷で集合論を学びました。

2 ： 『集合への 30 講』（志賀浩二、朝倉書店）

新しいタイプの集合論の解説書です。本書より、もう少し数学に踏み込んでいますが、概念や計算の解説だけにとど

まらず、その意味するところを分かりやすいイメージとして展開しています。本書を読まれた後で続けて読むと、さらにイメージが膨らむと思います。順序数についての解説もあります。

3：『集合・位相入門』（松坂和夫、岩波書店）

　集合と位相についての標準的な解説書です。教科書として読むべき本だと思います。300 ページの本をほぼ集合と位相とで二分しています。

4：『集合論』（辻正次、共立出版）

　本書の初版は、1933 年と太平洋戦争前です。筆者が今読み返しても、その記述は古びず、あらためて数学という学問の骨太さを思わずにはいられません。なお、本書は書名が『集合論』となっていますが、後半で位相空間（この本では点集合論となっている）を扱っています。現在、絶版ですが図書館などで探してみてください。

5：『位相への 30 講』（志賀浩二、朝倉書店）

　『集合への 30 講』の姉妹編です。姉妹編と同様に、先を急がない書き方で位相空間を解説しています。分離公理、連結性の説明もあります。

6：『位相のこころ』（森毅、ちくま学芸文庫）

　異色の位相空間入門書です。数式を前面に押し出すことなく位相のこころを説くのは、著者ならではの技です。第 11 節が「位相構造批判」となっているあたり、著者の面目躍如というところ。なお、後半部分に位相用語集がついていて、一つ一つの術語の解説があります。

7：『現代数学概説 I』（彌永昌吉・小平邦彦）、『同 II』（河田敬義・三村征雄、ともに岩波書店）

　Ⅰでは集合と代数、Ⅱでは位相と測度を扱っています。本書は本格的な教科書で、将来数学のプロになる人が腰を落ち着けてじっくりと読むべき教科書です。教科書といっても、授業で使われるという意味ではなく、一人、もしくは数人で1年くらいかけて精読する本。本書を学べば現代数学の基本概念について十分な基礎知識が得られます。

　最後に一冊、個性的な本をあげておきます。

8：『選択公理と数学　増訂版』（田中尚夫、遊星社）

　選択公理とその周辺の話題について日本語で読める解説書です。本書は上にあげた本と違って、完全な専門書ですから気軽に読むわけにはいきませんが、集合の元を選ぶという素朴な行為が、なぜ数学の大問題を引き起こしたのかを丹念に解説しています。進んで集合論を学びたい人はぜひ挑戦してください。ただし、特に後半部の公理的集合論と選択公理の無矛盾性、独立性を解説した部分はかなり専門的です。

さくいん

本書は、2001年9月に講談社サイエンティ
フィクより刊行された『なっとくする集合・位
相』を大幅に改訂し、新書としたものです。

N.D.C.443　　316p　　18cm

ブルーバックス　B-2253

現代数学はじめの一歩
集合と位相
数学はいかに「無限」をかぞえたのか

2024年2月20日　第1刷発行

著者	瀬山士郎
発行者	森田浩章
発行所	株式会社講談社
	〒112-8001　東京都文京区音羽2-12-21
電話	出版　　03-5395-3524
	販売　　03-5395-4415
	業務　　03-5395-3615
印刷所	(本文印刷) 株式会社新藤慶昌堂
	(カバー表紙印刷) 信毎書籍印刷株式会社
本文データ制作	藤原印刷株式会社
製本所	株式会社国宝社

ISBN978-4-06-534671-6

発刊のことば

科学をあなたのポケットに

　二十世紀最大の特色は、それが科学時代であるということです。科学は日に日に進歩を続け、止まるところを知りません。ひと昔前の夢物語もどんどん現実化しており、今やわれわれの生活のすべてが、科学によってゆり動かされているといっても過言ではないでしょう。

　そのような背景を考えれば、学者や学生はもちろん、産業人も、セールスマンも、ジャーナリストも、家庭の主婦も、みんなが科学を知らなければ、時代の流れに逆らうことになるでしょう。

　ブルーバックス発刊の意義と必然性はそこにあります。このシリーズは、読む人に科学的に物を考える習慣と、科学的に物を見る目を養っていただくことを最大の目標にしています。そのためには、単に原理や法則の解説に終始するのではなくて、政治や経済など、社会科学や人文科学にも関連させて、広い視野から問題を追究していきます。科学はむずかしいという先入観を改める表現と構成、それも類書にないブルーバックスの特色であると信じます。

一九六三年九月

野間省一